JN098941

数学の疑問が
一発解決

電験3種
かんたん数学

石橋 千尋 著　改訂3版

電気書院

まえがき

　第3種電気主任技術者試験に合格する近道は，計算問題を解く実力を
いかに早く身につけるかにかかっているといっても過言ではありません．

　本書は第3種電気主任技術者試験に出題される，計算問題を解くため
に必要な数学に的を絞り，できるだけ要点を押さえ，分かりやすく解
説することを目的として書きあげたものです．

　このため，数学の各学習項目について，

⑴　重要な部分

⑵　初めて受験する人にとって理解することが難しい箇所

⑶　よく出題される問題に使われる数学の解法パターン

などを，Ｑ＆Ａ方式でとりあげて解説する方式をとりました．

　また，例題には，実際に第3種電気主任技術者試験に必要となるもの
を選んでありますので，数学を勉強しながら，電気的な考え方も合わせ
て，やさしく学習できます．

　本書を活用することにより，一人でも多くの受験者が第3種電気主任
技術者試験に合格されることをお祈りする次第です．

著者

数学の疑問が一発解消！
電験3種かんたん数学　目次

 **1 分 数**

Q1：分数の計算方法について，整理して教えてください．

 (1) 分数の足し算と引き算

① 分母が同じ分数の場合は，分母をそのまま共通にして，分子の足し算，引き算を行います．

 (例) $\dfrac{1}{5} + \dfrac{2}{5} = \dfrac{1+2}{5} = \dfrac{3}{5}$

$\dfrac{3}{5} - \dfrac{1}{5} = \dfrac{3-1}{5} = \dfrac{2}{5}$

② 分母が異なる場合は，同じ分母の分数にして（通分といいます）から分子を計算します．

(例) $\dfrac{1}{3} + \dfrac{1}{5} = \dfrac{1 \times 5}{3 \times 5} + \dfrac{1 \times 3}{5 \times 3} = \dfrac{5}{15} + \dfrac{3}{15} = \dfrac{5+3}{15} = \dfrac{8}{15}$

分母を 15 にして通分

$\dfrac{3}{7} - \dfrac{1}{14} = \dfrac{3 \times 2}{7 \times 2} - \dfrac{1}{14} = \dfrac{6}{14} - \dfrac{1}{14} = \dfrac{6-1}{14} = \dfrac{5}{14}$

分母を 14 にして通分

■通　分
　複数の分数の分母を同じ数にする計算を通分といいます．
　これには，"分母・分子に同じ数を掛けても，その分数の値は変わらない"
という分数の性質を使います．

■通分するときの分母の数
　通分するときは，一般的に互いの分母の数の最小公倍数*を用います．た
だし，最小公倍数がすぐに分からないときは，互いの分母を掛け合わせた
数で通分して計算し，その後で約分できるかどうか考えてみるとよい．

　＊　二つ以上の正の整数の共通な倍数のうち，最小のもの（2と3の公
　　　倍数は6，12，18…ですが，最小公倍数は6）

［例］　$\dfrac{5}{6}+\dfrac{1}{4}$ を計算する場合

①　最小公倍数を使うと，6と4の最小公倍数は12ですから，

$$\frac{5}{6}+\frac{1}{4}=\frac{5\times2}{6\times2}+\frac{1\times3}{4\times3}=\frac{10+3}{12}=\frac{13}{12}$$

②　互いの分母を掛け合わせると，$6\times4=24$ ですから，

$$\frac{5}{6}+\frac{1}{4}=\frac{5\times4}{6\times4}+\frac{1\times6}{4\times6}=\frac{20+6}{24}=\frac{26}{24}=\frac{13}{12}$$

分母・分子を2で割って約分

(2)　分数の掛け算
　分数の掛け算は，分母は分母同士の掛け算，分子は分子同士の掛け算
を行います．

（例）　$\dfrac{2}{3}\times\dfrac{1}{5}=\dfrac{2\times1}{3\times5}=\dfrac{2}{15}$

(3)　分数の割り算
　割る数を逆数にして，掛け算に直して計算します．

（例）　$\dfrac{2}{3}\div\dfrac{1}{5}=\dfrac{2}{3}\times\dfrac{5}{1}=\dfrac{2\times5}{3\times1}=\dfrac{10}{3}$

$\dfrac{1}{5}$ の逆数は $\dfrac{5}{1}$

■分数の逆数

ある分数 $\dfrac{○}{□}$ があるとき，分母と分子を入れ替えた分数 $\dfrac{□}{○}$ を逆数といいます．

例えば，$\dfrac{2}{5}$ の逆数は $\dfrac{5}{2}$ となります．また，5という数については $5 = \dfrac{5}{1}$ と考えて，5の逆数は $\dfrac{1}{5}$ とします．なお，0の逆数はありません．

(4) 繁分数の計算

分数の分母・分子の一方または両方がさらに分数の形になっている分数を繁分数といいます．分母や分子の分数式の計算を先にすませ，割り算の計算を行います．

$$（例）\quad \cfrac{2}{\dfrac{1}{5}+\dfrac{1}{2}} = \cfrac{2}{\dfrac{2}{10}+\dfrac{5}{10}} = \cfrac{2}{\dfrac{7}{10}} = 2 \times \dfrac{10}{7} = \dfrac{20}{7}$$

分母を計算

■分数とは

いま，$\dfrac{2}{3}$ という分数を例にとると，この分数は次の意味を表します．

① **大きさ1のものを等しく三つに分けたときの二つ分の大きさ**

例えば，1図のように1Ωの抵抗を
三等分したときの二つ分の抵抗は，

$\dfrac{2}{3}$ Ω

と表されます．

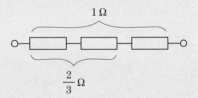

1Ω

$\dfrac{2}{3}$Ω

1図

② **2÷3という小数の値の数**

2÷3を計算機で計算すると，$2 \div 3 = 0.66666\cdots\cdots$ となっていつまでも続く数になりますが，分数で表すと，

$$2 \div 3 = \dfrac{2}{3}$$

と非常にすっきりとした数で表すことができます．

例えば，2図のように，$E = 1\,\mathrm{V}$ の電圧を加えたときに $I = 3\,\mathrm{A}$ の電流が流れるときの抵抗 R の値は，小数で表せば，

$$R = V \div I = 1 \div 3$$
$$= 0.33333\cdots\cdots\Omega$$

となりますが，分数を使うと，

$$R = 1 \div 3 = \frac{1}{3}\ \Omega$$

と表すことができます．

■分数の性質

　分母，分子に同じ数を掛けても，また同じ数で割ってもその値は変わりません．ただし，掛ける数，割る数は0以外の数とします．

　（例）　$\dfrac{0.1}{0.3}$　[分母・分子に10を掛ける]　$\dfrac{0.1 \times 10}{0.3 \times 10} = \dfrac{1}{3}$

　　　　　$\dfrac{5}{20}$　[分母・分子を5で割る]　$\dfrac{5 \div 5}{20 \div 5} = \dfrac{1}{4}$

この性質を使って，通分や約分を行うことができます．

■帯分数

$2 + \dfrac{1}{3}$ となる数を $2\dfrac{1}{3}$ のように表した分数を帯分数といいます．

電験の計算では，この形の分数はほとんど用いられません．

〔練習問題1〕　次の分数式を計算しなさい．

① $\dfrac{1}{2} + \dfrac{1}{4}$　　　② $\dfrac{1}{2} - \dfrac{1}{3}$　　　③ $\dfrac{3}{4} \times \dfrac{1}{6}$

④ $\dfrac{1}{3} \div 2$　　　⑤ $\dfrac{\dfrac{1}{3}}{\dfrac{1}{2} + \dfrac{1}{4}}$

図中：$R = \dfrac{1}{3}\ \Omega$　$I = 3\,\mathrm{A}$　$E = 1\,\mathrm{V}$

2図

〔解き方〕

① $\dfrac{1}{2}+\dfrac{1}{4}=\dfrac{1\times2}{2\times2}+\dfrac{1}{4}=\dfrac{2}{4}+\dfrac{1}{4}=\dfrac{2+1}{4}=\dfrac{3}{4}$

$\underbrace{\qquad\qquad}_{4\text{で通分}}$

② $\dfrac{1}{2}-\dfrac{1}{3}=\dfrac{1\times3}{2\times3}-\dfrac{1\times2}{3\times2}=\dfrac{3}{6}-\dfrac{2}{6}=\dfrac{3-2}{6}=\dfrac{1}{6}$

$\underbrace{\qquad\qquad}_{6\text{で通分}}$

③ $\dfrac{3}{4}\times\dfrac{1}{6}=\dfrac{3\times1}{4\times6}=\dfrac{3}{24}=\dfrac{1}{8}$

分母・分子を3で割って約分

④ $\dfrac{1}{3}\div2=\dfrac{1}{3}\times\dfrac{1}{2}=\dfrac{1\times1}{3\times2}=\dfrac{1}{6}$

2の逆数は$\dfrac{1}{2}$

⑤ $\dfrac{\dfrac{1}{3}}{\dfrac{1}{2}+\dfrac{1}{4}}=\dfrac{\dfrac{1}{3}}{\dfrac{2}{4}+\dfrac{1}{4}}=\dfrac{\dfrac{1}{3}}{\dfrac{2+1}{4}}=\dfrac{\dfrac{1}{3}}{\dfrac{3}{4}}=\dfrac{1}{3}\times\dfrac{4}{3}=\dfrac{4}{9}$

分母を4で通分　　　　　　　　$\dfrac{3}{4}$の逆数は$\dfrac{4}{3}$

■約分

$\dfrac{3}{24}=\dfrac{1}{8}$ のように約分できるときは約分して簡単な分数に直します．

約分とは，分母・分子を同時に割り切れる数がある場合に，その数で分母・分子を割って分数を簡単化することをいいます．

（例）　$\dfrac{3}{24}=\dfrac{3\div3}{24\div3}=\dfrac{1}{8}$　（分母・分子を3で割って約分）

$\dfrac{ac}{ab}=\dfrac{\dfrac{ac}{a}}{\dfrac{ab}{a}}=\dfrac{c}{b}$　（分母・分子をaで割って約分）

では，第1図の回路について，電流 I を表す式を導いてみよう．

R_2 と R_3 の並列部分の合成抵抗は，

$$\frac{1}{\dfrac{1}{R_2}+\dfrac{1}{R_3}}=\frac{R_2 R_3}{R_2+R_3}$$

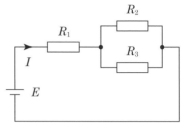

第1図

と表されるので，全体の抵抗 R は，

$$R=R_1+\frac{R_2 R_3}{R_2+R_3}$$

したがって，回路に流れる電流 I は，

$$I=\frac{E}{R}=\frac{E}{R_1+\dfrac{R_2 R_3}{R_2+R_3}} \qquad\qquad ①$$

①式の分母を R_2+R_3 で通分すると，

$$R=R_1+\frac{R_2 R_3}{R_2+R_3}=\frac{R_1\left(R_2+R_3\right)}{R_2+R_3}+\frac{R_2 R_3}{R_2+R_3}$$

$$=\frac{R_1\left(R_2+R_3\right)+R_2 R_3}{R_2+R_3}=\frac{R_1 R_2+R_1 R_3+R_2 R_3}{R_2+R_3}$$

$$=\frac{R_1 R_2+R_2 R_3+R_3 R_1}{R_2+R_3}$$

次に，割る式を掛け算に直して次の計算を行うと答が得られます．

$$I=\frac{E}{R}=E\times\frac{1}{R}=E\times\frac{R_2+R_3}{R_1 R_2+R_2 R_3+R_3 R_1}$$

$$=\frac{\left(R_2+R_3\right)E}{R_1 R_2+R_2 R_3+R_3 R_1} \quad \cdots\cdots (答)$$

■文字式の一般的な表し方

① 掛け算の×は省くことが多い.

　　（例）　$a \times b = ab$　（注）$a \times b = a \cdot b$ と表すこともあります.

② 割り算の÷は使用しないで，分数で表すことが多い.

　　（例）　$a \div b = \dfrac{a}{b}$　（注）$a \div b = a / b$ と表すこともあります.

③ 数字と文字の掛け算は，数字を前に書きます.

　　（例）　$a \times 4 = 4a$

④ 1と文字の掛け算は1を省きます.

　　（例）　$1 \times a = a$

⑤ 文字や数字は，アルファベット順や輪環の順に整理すると分かりやすい.

　　（例）　$a + c + b = a + b + c$　…アルファベット順

$$ac + ba + cb = ab + bc + ca$$
$$R_1 R_2 + R_1 R_3 + R_2 R_3 = R_1 R_2 + R_2 R_3 + R_3 R_1$$

　　　…輪環の順

■交換法則と結合法則

　足し算と掛け算については，交換法則と結合法則が成り立つので，これらを使って，式を計算したり整理したりします.

① 足し算の交換法則　　〇＋□＝□＋〇

　　　　　　　　　　　　（例）$3 + 4 = 4 + 3$

② 足し算の結合法則　　（〇＋□）＋△＝〇＋（□＋△）

　　　　　　　　　　　　（例）$(2 + 3) + 4 = 2 + (3 + 4)$

③ 掛け算の交換法則　　〇×□＝□×〇

　　　　　　　　　　　　（例）$3 \times 4 = 4 \times 3$

④ 掛け算の結合法則　　（〇×□）×△＝〇×（□×△）

　　　　　　　　　　　　（例）$(2 \times 3) \times 4 = 2 \times (3 \times 4)$

［注］式の中に（　）がある場合は，（　）の中の計算を先に行います.

■分配法則

( ) を外すときは，次の分配法則が役立ちます．

① （○＋□）×△＝○×△＋□×△

② ○×（□＋△）＝○×□＋○×△

〔練習問題２〕　次の分数式を計算しなさい．

① $\dfrac{b}{a}+\dfrac{c}{a}$　　　② $\dfrac{b+c}{a}-\dfrac{c}{a}$　　　③ $\dfrac{1}{\dfrac{1}{a}+\dfrac{1}{b}}$

〔解き方〕

① $\dfrac{b}{a}+\dfrac{c}{a}=\dfrac{b+c}{a}$

② $\dfrac{b+c}{a}-\dfrac{c}{a}=\dfrac{b+c-c}{a}=\dfrac{b}{a}$

③ $\dfrac{1}{\dfrac{1}{a}+\dfrac{1}{b}}=\dfrac{1}{\dfrac{b}{ab}+\dfrac{a}{ab}}=\dfrac{1}{\dfrac{a+b}{ab}}=\dfrac{1}{1}\times\dfrac{ab}{a+b}$

分母を ab で通分　　　$\dfrac{a+b}{ab}$ の逆数は $\dfrac{ab}{a+b}$

$\qquad\qquad =\dfrac{1\times ab}{1\times(a+b)}=\dfrac{ab}{a+b}$

〔練習問題３〕　図の回路に流れる電流 I を表す式として，正しいもの を次のうちから選びなさい．

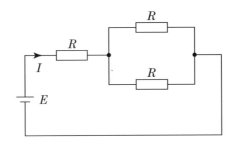

(1) $\dfrac{E}{4R}$　　(2) $\dfrac{E}{3R}$　　(3) $\dfrac{E}{2R}$

(4) $\dfrac{2E}{3R}$　　(5) $\dfrac{3E}{4R}$

〔**解き方**〕　並列部分の合成抵抗は，次のように表されます．

$$\frac{1}{\dfrac{1}{R}+\dfrac{1}{R}} = \frac{1}{\dfrac{1+1}{R}} = \frac{1}{\dfrac{2}{R}} = \frac{1}{1} \times \frac{R}{2} = \frac{R}{2}$$

したがって，回路全体の合成抵抗 R_0 は，

$$R_0 = R + \frac{R}{2} = \frac{2R}{2} + \frac{R}{2}$$

通分

$$= \frac{2R+R}{2} = \frac{3R}{2}$$

となるので，

$$I = \frac{E}{R_0} = \frac{E}{\dfrac{3R}{2}} = E \times \frac{2}{3R} = \frac{2E}{3R}$$

$\dfrac{3R}{2}$ の逆数は $\dfrac{2}{3R}$

(答)　(4)

理解度チェック　問　題

【**問題1**】　a図の合成抵抗 R_1〔Ω〕および b図の合成抵抗 R_2〔Ω〕の値
の組み合わせとして，正しいものを次のうちから選びなさい．

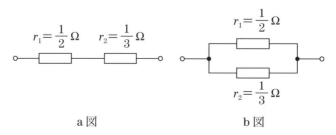

$r_1 = \dfrac{1}{2}$ Ω　$r_2 = \dfrac{1}{3}$ Ω

$r_1 = \dfrac{1}{2}$ Ω

$r_2 = \dfrac{1}{3}$ Ω

a図　　　　　　　　　　b図

ただし，$R_1 = r_1 + r_2$，$R_2 = \dfrac{r_1 r_2}{r_1 + r_2}$ となります．

(1) $R_1 = \dfrac{2}{5}$　　$R_2 = \dfrac{1}{5}$　　(2) $R_1 = \dfrac{2}{5}$　　$R_2 = \dfrac{2}{5}$

(3) $R_1 = \dfrac{5}{6}$　　$R_2 = \dfrac{1}{5}$　　(4) $R_1 = \dfrac{5}{6}$　　$R_2 = \dfrac{2}{5}$

(5) $R_1 = \dfrac{5}{6}$　　$R_2 = \dfrac{3}{5}$

【問題2】　a 図の合成の静電容量 C_1〔μF〕および b 図の合成の静電容量 C_2〔μF〕の値の組み合わせとして，正しいものを次のうちから選びなさい．

ただし，$C_1 = \dfrac{C_A C_B}{C_A + C_B}$，$C_2 = C_A + C_B$ となります．

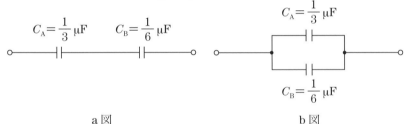

$C_A = \dfrac{1}{3}$ μF　　$C_B = \dfrac{1}{6}$ μF

$C_A = \dfrac{1}{3}$ μF

$C_B = \dfrac{1}{6}$ μF

a 図　　　　　　　　　　b 図

(1) $C_1 = \dfrac{1}{9}$　　$C_2 = \dfrac{1}{2}$　　(2) $C_1 = \dfrac{1}{9}$　　$C_2 = \dfrac{2}{3}$

(3) $C_1 = \dfrac{1}{6}$　　$C_2 = \dfrac{1}{2}$　　(4) $C_1 = \dfrac{1}{6}$　　$C_2 = \dfrac{2}{3}$

(5) $C_1 = \dfrac{1}{6}$　　$C_2 = \dfrac{3}{4}$

【問題３】　図のような回路の合成抵抗 R は，

$$R = \cfrac{1}{\cfrac{1}{r_1} + \cfrac{1}{r_2} + \cfrac{1}{r_3}}$$

で計算されます．

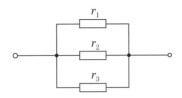

　　$r_1 = 1\,\Omega,\ r_2 = 2\,\Omega,\ r_3 = 4\,\Omega$ のとき，R の値〔Ω〕として，正しいものを次のうちから選びなさい．

(1)　$\dfrac{2}{7}$　　　(2)　$\dfrac{4}{7}$　　　(3)　$\dfrac{3}{4}$　　　(4)　$\dfrac{5}{4}$　　　(5)　$\dfrac{7}{4}$

【問題４】　図のようにコンデンサを接続したときの合成の静電容量 C は，

$$C = \cfrac{1}{\cfrac{1}{C_1} + \cfrac{1}{C_2 + C_3}}$$

で計算されます．

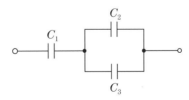

　　$C_1 = 1\,\mu\mathrm{F}, C_2 = 2\,\mu\mathrm{F}, C_3 = 3\,\mu\mathrm{F}$ のとき，C の値〔$\mu\mathrm{F}$〕として，正しいものを次のうちから選びなさい．

(1)　$\dfrac{1}{6}$　　　(2)　$\dfrac{1}{3}$　　　(3)　$\dfrac{5}{6}$　　　(4)　$\dfrac{8}{9}$　　　(5)　$\dfrac{6}{5}$

【問題1】　答　(3)

$$R_1 = \frac{1}{2} + \frac{1}{3} = \frac{3}{6} + \frac{2}{6} = \frac{3+2}{6} = \frac{5}{6} \ \Omega$$

通分

$$R_2 = \frac{\dfrac{1}{2} \times \dfrac{1}{3}}{\dfrac{1}{2} + \dfrac{1}{3}} = \frac{\dfrac{1 \times 1}{2 \times 3}}{\dfrac{3}{6} + \dfrac{2}{6}} = \frac{\dfrac{1}{6}}{\dfrac{5}{6}} = \frac{1}{6} \times \frac{6}{5} = \frac{1}{5} \ \Omega$$

割り算を掛け算にする

分母・分子を計算

【問題2】　答　(1)

$$C_1 = \frac{\dfrac{1}{3} \times \dfrac{1}{6}}{\dfrac{1}{3} + \dfrac{1}{6}} = \frac{\dfrac{1 \times 1}{3 \times 6}}{\dfrac{2}{6} + \dfrac{1}{6}}$$

分母・分子を計算

約分

$$= \frac{\dfrac{1}{18}}{\dfrac{2+1}{6}} = \frac{1}{18} \times \frac{6}{3} = \frac{1}{18} \times \frac{2}{1}$$

割り算を掛け算にする

$$= \frac{2}{18} = \frac{1}{9} \ \mu F$$

約分

$$C_2 = \frac{1}{3} + \frac{1}{6} = \frac{2}{6} + \frac{1}{6} = \frac{2+1}{6}$$

通分

$$= \frac{3}{6} = \frac{1}{2} \ \mu F$$

約分

【問題3】 答 (2)

$$R = \cfrac{1}{\cfrac{1}{1} + \cfrac{1}{2} + \cfrac{1}{4}} = \cfrac{1}{\cfrac{4}{4} + \cfrac{2}{4} + \cfrac{1}{4}} = \cfrac{1}{\cfrac{4+2+1}{4}}$$

分母を通分　　　　　分母を計算

$$= \cfrac{1}{\cfrac{7}{4}} = 1 \times \frac{4}{7} = \frac{4}{7}\ \Omega$$

割り算を掛け算にする

【問題4】 答 (3)

$$C = \cfrac{1}{\cfrac{1}{1} + \cfrac{1}{2+3}} = \cfrac{1}{\cfrac{1}{1} + \cfrac{1}{5}} = \cfrac{1}{\cfrac{5}{5} + \cfrac{1}{5}} = \cfrac{1}{\cfrac{5+1}{5}}$$

分母を通分　　　　分母を計算

$$= \cfrac{1}{\cfrac{6}{5}} = 1 \times \frac{5}{6} = \frac{5}{6}\ \mu F$$

割り算を掛け算にする

2 累乗と平方根

Q1：累乗とはどのような計算ですか？

(1) 累乗とは

$3×3 = 3^2$, $5×5×5 = 5^3$ のように，同じ数をいくつも掛けたものを累乗といい，3^2 を「3 の 2 乗」，5^3 を「5 の 3 乗」のように読みます．

5^3 の 3 のように右肩に小さく書いた数を指数といいます．累乗の指数は掛けた数の個数を表しています．

〔練習問題1〕　次の数を計算しなさい．（例）$2^3 = 2×2×2 = 8$

(1) 5^2　　　(2) $(-2)^2$　　　(3) $(-2)^3$　　　(4) $-(-2)^3$

(5) 0.1^2　　(6) $\dfrac{3}{2^3}$　　　(7) $\left(\dfrac{3}{2}\right)^3$

〔解き方〕

(1) $5^2 = 5×5 = 25$

(2) $(-2)^2 = (-2)×(-2) = 4$

(3) $(-2)^3 = (-2)×(-2)×(-2) = -8$

(4) $-(-2)^3 = (-1)×(-2)×(-2)×(-2) = (-1)×(-8) = 8$

(5) $0.1^2 = 0.1×0.1 = 0.01$

(6) $\dfrac{3}{2^3} = \dfrac{3}{2×2×2} = \dfrac{3}{8}$

(7) $\left(\dfrac{3}{2}\right)^3 = \dfrac{3}{2}×\dfrac{3}{2}×\dfrac{3}{2} = \dfrac{3×3×3}{2×2×2} = \dfrac{27}{8}$

■累乗の符号

　a を正の数とすると，$(-a)^n$ の符号は，指数 n が偶数のときは＋，奇数のときには－になります．

Q2：第3種の学習で，累乗はどのような計算に使われますか？

　　累乗の計算は多くの場面で使用されますが，その代表例が面積と表面積の計算です．

(1)　四角形の面積

第1図の長方形の面積は，$A_1 = ab$ となるので，**第2図**の正方形では $A_2 = a \times a = a^2$ となります．

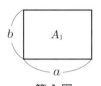

第1図　　　　　第2図

(2)　三角形の面積

第3図の三角形の面積は，$A_3 = \dfrac{1}{2} ab$ となります．

(3)　円の面積

第4図の半径 r の円の面積は，$A_4 = \pi r^2$ となります．

半径の代わりに直径 d を用いると，$r = \dfrac{d}{2}$ ですから，

$$A_4 = \pi r^2 = \pi \times \left(\frac{d}{2}\right)^2 = \pi \times \frac{d \times d}{2 \times 2} = \frac{\pi d^2}{4}$$

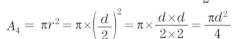

第3図

となります．π は円周率で，$\pi = 3.14159\cdots$ となる数ですが，電験の計算では有効数字を4桁として，$\pi = 3.142$ と覚えておくとよい．

第4図

(4)　球の表面積

第5図の半径 r の球の表面積は，$A_5 = 4\pi r^2$ となります．

この公式は，「理論」で学習するガウスの法則や「機械」の照明の光束計算で必要になるので，必ず覚えておくことが必要です．

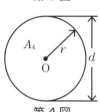

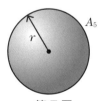

第5図

〔**練習問題2**〕　直径5 mm の硬銅線の断面積の値〔mm²〕として，最も近いものを次のうちから選びなさい．

(1)　9.88　　(2)　19.6　　(3)　20.5　　(4)　31.2　　(5)　39.5

〔解き方〕 硬銅線の半径は $r = \dfrac{5}{2} = 2.5\,\mathrm{mm}$ ですから，断面積の値 A は，

$$A = \pi r^2 = 3.142 \times 2.5^2$$
$$= 3.142 \times 2.5 \times 2.5 = 19.64\,\mathrm{mm}^2 \qquad \text{（答）（2）}$$

〔練習問題３〕 直径 $20\,\mathrm{cm}$ の球の表面積の値〔m^2〕として，最も近いものを次のうちから選びなさい．

(1) 0.0629　　(2) 0.113　　(3) 0.126　　(4) 0.251　　(5) 0.503

〔解き方〕 球の半径は $a = 10\,\mathrm{cm} = 0.1\,\mathrm{m}$ であるから，球の表面積 A は，

$$A = 4\pi a^2 = 4 \times 3.142 \times 0.1^2$$
$$= 4 \times 3.142 \times 0.1 \times 0.1 = 0.1257\,\mathrm{m}^2 \qquad \text{（答）（3）}$$

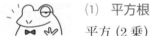

Q3：次に，平方根とは何か説明してください．

(1) 平方根

平方（2乗）すると a になる数を a の平方根といいます．a の平方根には正と負の二つがあり，おのおの次のように表します．

$$\begin{cases} \text{正の平方根：} \sqrt{a} \\ \text{負の平方根：} -\sqrt{a} \end{cases}$$

$\sqrt{}$ を根号と呼び，$\sqrt{a}$ を「平方根 a」または「ルート a」と読みます．

(2) おもな平方根の覚え方

$\sqrt{2}$ や $\sqrt{3}$ などの代表的な平方根は，

$$\begin{cases} \sqrt{2} = 1.414\cdots\cdots \text{（ひとよひとよ……）} \\ \sqrt{3} = 1.732\cdots\cdots \text{（人なみに……）} \\ \sqrt{5} = 2.236\cdots\cdots \text{（富士山ろく……）} \end{cases}$$

などと覚えておくとよい．

(3) やさしいルートの計算

$\sqrt{a}$，$-\sqrt{a}$ は 2 乗すると a になる数ですから $(\sqrt{a})^2 = \sqrt{a} \times \sqrt{a} = a$，

$(-\sqrt{a})^2 = (-\sqrt{a}) \times (-\sqrt{a}) = \sqrt{a} \times \sqrt{a} = a$ と表すことができます．また，$\sqrt{a^2} = a$（ただし，$a \geqq 0$）となります．したがって，$(\sqrt{3})^2 = 3$，$(-\sqrt{2})^2 = 2$，また，$\sqrt{2^2} = 2$，$\sqrt{3^2} = 3$ となります．

〔練習問題4〕　次の計算をしなさい．

(1)　$(\sqrt{3})^2$　(2)　$(-\sqrt{5})^2$　(3)　$\sqrt{4}$　(4)　$\sqrt{25}$　(5)　$\sqrt{0.01}$

〔解き方〕

(1)　$(\sqrt{3})^2 = \sqrt{3} \times \sqrt{3} = 3$

(2)　$(-\sqrt{5})^2 = (-\sqrt{5}) \times (-\sqrt{5}) = \sqrt{5} \times \sqrt{5} = 5$

(3)　$\sqrt{4} = \sqrt{2 \times 2} = \sqrt{2^2} = 2$

(4)　$\sqrt{25} = \sqrt{5 \times 5} = \sqrt{5^2} = 5$

(5)　$\sqrt{0.01} = \sqrt{0.1 \times 0.1} = \sqrt{0.1^2} = 0.1$

Q4：平方根を含む式の計算の要領について教えてください．

(1)　平方根の掛け算や割り算は，一つの数の平方根として表すことができます．

$$\begin{cases} \sqrt{a} \times \sqrt{b} = \sqrt{ab} & （例）\quad \sqrt{2} \times \sqrt{3} = \sqrt{2 \times 3} = \sqrt{6} \\ \dfrac{\sqrt{a}}{\sqrt{b}} = \sqrt{\dfrac{a}{b}} & （例）\quad \dfrac{\sqrt{6}}{\sqrt{2}} = \sqrt{\dfrac{6}{2}} = \sqrt{3} \end{cases}$$

(2)　$\sqrt{}$ の中に2乗した数が入っていれば，$\sqrt{}$ の外に出すことができます．

$$\sqrt{a^2 b} = a\sqrt{b}$$

（例）　$\sqrt{50} = \sqrt{5^2 \times 2} = 5\sqrt{2}$

$$\sqrt{\frac{b}{a^2}} = \frac{\sqrt{b}}{\sqrt{a^2}} = \frac{\sqrt{b}}{a}$$

（例）　$\sqrt{0.02} = \sqrt{\dfrac{2}{100}} = \sqrt{\dfrac{2}{10^2}} = \dfrac{\sqrt{2}}{\sqrt{10^2}} = \dfrac{\sqrt{2}}{10}$

(3) 同じ数の平方根の足し算や引き算は同類項として扱うことができます．

$$\begin{cases} m\sqrt{a} + n\sqrt{a} = (m+n)\sqrt{a} \\ \quad (例)\ 2\sqrt{3} + 3\sqrt{3} = (2+3)\sqrt{3} = 5\sqrt{3} \\ m\sqrt{a} - n\sqrt{a} = (m-n)\sqrt{a} \\ \quad (例)\ 5\sqrt{2} - 3\sqrt{2} = (5-3)\sqrt{2} = 2\sqrt{2} \end{cases}$$

■同じ数を表す項を同類項といいます．同類項は次の分配法則を用いてまとめます．

$$(\bigcirc + \square) \times \triangle = \bigcirc \times \triangle + \square \times \triangle \quad (\triangle：同類項)$$

(4) 分母が $\sqrt{}$ の分数式で，分母を整数にするように式を変形することを，分母を有理化するといいます．

$$\frac{b}{\sqrt{a}} = \frac{b \times \sqrt{a}}{\sqrt{a} \times \sqrt{a}} = \frac{b\sqrt{a}}{a}$$

分母・分子に $\sqrt{a}$ を掛ける

(例) $$\frac{2}{\sqrt{3}} = \frac{2 \times \sqrt{3}}{\sqrt{3} \times \sqrt{3}} = \frac{2\sqrt{3}}{3}$$

分母・分子に $\sqrt{3}$ を掛ける

〔練習問題5〕 次の計算をしなさい．

(1) $\sqrt{2} \times \sqrt{3}$　　(2) $\sqrt{5} \times \sqrt{20}$　　(3) $\sqrt{12} \div \sqrt{2}$　　(4) $\sqrt{32}$

(5) $\sqrt{\dfrac{50}{16}}$　　　(6) $3\sqrt{5} - \sqrt{5}$　　(7) $\sqrt{18} + \sqrt{8} + \sqrt{2}$

〔解き方〕

(1) $\sqrt{2} \times \sqrt{3} = \sqrt{2 \times 3} = \sqrt{6}$

(2) $\sqrt{5} \times \sqrt{20} = \sqrt{5 \times 20} = \sqrt{100} = \sqrt{10^2} = 10$

(3) $\sqrt{12} \div \sqrt{2} = \sqrt{12} \times \dfrac{1}{\sqrt{2}} = \sqrt{\dfrac{12}{2}} = \sqrt{6}$

(4) $\sqrt{32} = \sqrt{16 \times 2} = \sqrt{4^2 \times 2} = 4\sqrt{2}$

(5) $\sqrt{\dfrac{50}{16}} = \dfrac{\sqrt{50}}{\sqrt{16}} = \dfrac{\sqrt{5^2 \times 2}}{\sqrt{4^2}} = \dfrac{5\sqrt{2}}{4}$

(6) $3\sqrt{5} - \sqrt{5} = (3-1)\sqrt{5} = 2\sqrt{5}$

(7) $\sqrt{18} + \sqrt{8} + \sqrt{2} = \sqrt{3^2 \times 2} + \sqrt{2^2 \times 2} + \sqrt{2}$
$$= 3\sqrt{2} + 2\sqrt{2} + \sqrt{2}$$
$$= (3+2+1)\sqrt{2} = 6\sqrt{2}$$

2

Q5：第3種の学習で，ルートはどのような計算に使われますか？

ルートの計算は多くの場面で使用されますが，その代表例は次のとおりです．

(1) 交流回路のインピーダンスの計算

第6図の交流回路のインピーダンス Z は，

$$Z = \sqrt{R^2 + (X_L - X_C)^2} \;\; [\Omega] \quad ①$$

となります．

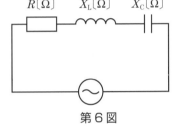

第6図

したがって，例えば第7図の回路のインピーダンスは，$R = 8\,\Omega$，$X_L = 6\,\Omega$，$X_C = 0\,\Omega$ を代入して，

$$Z = \sqrt{8^2 + (6-0)^2} = \sqrt{64+36}$$
$$= \sqrt{100} = \sqrt{10^2} = 10\,\Omega$$

となります．また，インピーダンスが分かれば，回路に流れる電流 I は，次のように求めることができます．

$$I = \frac{V}{Z} = \frac{200}{10} = 20\,\text{A}$$

第7図

(2) 交流回路の力率の計算

(a) 第8図の回路の力率（小数）は②式となります．

$$\cos\theta = \frac{R}{\sqrt{R^2 + X_L^2}} \quad ②$$

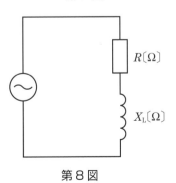

第8図

(b) 第9図の回路の力率（小数）
は③式となります.

$$\cos\theta = \frac{X}{\sqrt{R^2 + X_\mathrm{L}^2}} \quad ③$$

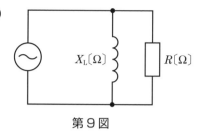

第9図

■三角関数 $\cos\theta$ については第8節，第9節を参照．力率は100倍して%
表示されることも多い.

〔例〕 $\cos\theta = 0.8$ → 力率 $0.8 \times 100 = 80\%$

〔練習問題6〕 図の回路のインピーダンスの値〔Ω〕として，正しい
ものを次のうちから選びなさい.

(1) 5   (2) $5\sqrt{2}$ (3) 10

(4) $10\sqrt{2}$ (5) 20

〔解き方〕 ①式より，

$$Z = \sqrt{10^2 + (15-5)^2} = \sqrt{10^2 + 10^2}$$
$$= \sqrt{200} = \sqrt{2 \times 100} = \sqrt{2 \times 10^2}$$
$$= 10\sqrt{2}\ \Omega$$

(答) (4)

〔練習問題7〕 図の回路の力率の値（小数）として，正しいものを次
のうちから選びなさい.

(1) $\dfrac{2}{5}$ (2) $\dfrac{2\sqrt{2}}{5}$ (3) $\dfrac{3}{5}$

(4) $\dfrac{4}{5}$ (5) $\dfrac{2\sqrt{5}}{5}$

〔解き方〕 ②式より，

$$\cos\theta = \frac{10}{\sqrt{10^2 + 5^2}} = \frac{10}{\sqrt{125}} = \frac{10}{\sqrt{25 \times 5}}$$

$$= \frac{10}{\sqrt{5^2 \times 5}} = \frac{10}{5\sqrt{5}} = \frac{2}{\sqrt{5}} = \frac{2 \times \sqrt{5}}{\sqrt{5} \times \sqrt{5}}$$

$$= \frac{2\sqrt{5}}{5}$$

分母・分子に $\sqrt{5}$ を
掛けて有理化

(答) (5)

理解度チェック 問 題

【問題1】 図の回路の消費電力の値〔W〕として，最も近いものを次のうちから選びなさい.

ただし，抵抗 R〔Ω〕に流れる電流を I〔A〕とすると，抵抗の消費電力は $P = RI^2$〔W〕となります.

(1) 72   (2) 96   (3) 144
(4) 156   (5) 192

【問題2】 直径 10 cm の球形光源から $F = 1\,200$ lm の光束が均等に放射されている. この光源の光束発散度の値〔lm/m²〕として，最も近いものを次のうちから選びなさい.

ただし，光束発散度 M〔lm/m²〕は，光源から放射される光束を F〔lm〕，球の表面積を A〔m²〕とすると，$M = \dfrac{F}{A}$〔lm/m²〕となります.

(1) 12 200   (2) 19 100   (3) 24 300
(4) 38 200   (5) 76 400

【問題3】 図の交流回路に流れる電流 I の値〔A〕として，正しいものを次のうちから選びなさい.

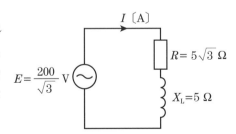

(1) $\dfrac{10\sqrt{3}}{3}$ (2) $\dfrac{20\sqrt{3}}{3}$ (3) $10\sqrt{3}$

(4) $12\sqrt{3}$ (5) $15\sqrt{3}$

【問題4】 a 図の回路の力率 $\cos\theta_1$, b 図の回路の力率 $\cos\theta_2$ の値 (小数) の組み合わせとして, 正しいものを次のうちから選びなさい.

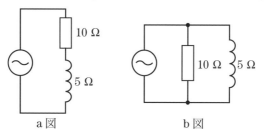

a 図   b 図

(1) $\cos\theta_1 = 0.447$ $\cos\theta_2 = 0.333$

(2) $\cos\theta_1 = 0.667$ $\cos\theta_2 = 0.333$

(3) $\cos\theta_1 = 0.667$ $\cos\theta_2 = 0.447$

(4) $\cos\theta_1 = 0.894$ $\cos\theta_2 = 0.333$

(5) $\cos\theta_1 = 0.894$ $\cos\theta_2 = 0.447$

理解度チェック 解答

【問題1】 (答) (1)

回路に流れる電流 I は,

$$I = \frac{24}{8} = 3\,\mathrm{A}$$

となるので, 抵抗で消費される電力 P は,

$$P = RI^2 = 8 \times 3^2 = 8 \times 3 \times 3 = 72\,\mathrm{W}$$

【別解】 $I = \dfrac{V}{R}$ より,

$$P = RI^2 = R \times \left(\frac{V}{R}\right)^2 = R \times \frac{V^2}{R^2} = \frac{V^2}{R}$$

$$\therefore\ P = \frac{24^2}{8} = \frac{24 \times 24}{8} = 72\,\mathrm{W}$$

【問題2】 (答) (4)

球の表面積 A は, 球の半径が $r = 5\,\mathrm{cm} = 0.05\,\mathrm{m}$ であるから,

$$A = 4\pi r^2 = 4\pi \times 0.05^2 = 4 \times 3.142 \times 0.05^2$$
$$= 0.03142 \text{ m}^2$$

光束発散度 M は,

$$M = \frac{F}{A} = \frac{1\,200}{0.03142} = 38\,190 \text{ lm/m}^2$$

【問題3】 (答) (2)

インピーダンス Z は,

$$Z = \sqrt{R^2 + {X_\mathrm{L}}^2} = \sqrt{\left(5\sqrt{3}\right)^2 + 5^2} = \sqrt{5\sqrt{3} \times 5\sqrt{3} + 5^2}$$
$$= \sqrt{25 \times 3 + 25} = \sqrt{100} = \sqrt{10^2} = 10 \ \Omega$$

電流 I は,

$$I = \frac{E}{Z} = \frac{\dfrac{200}{\sqrt{3}}}{10} = \frac{200}{\sqrt{3}} \times \frac{1}{10}$$

$$= \frac{20}{\sqrt{3}} = \frac{20 \times \sqrt{3}}{\sqrt{3} \times \sqrt{3}} = \frac{20\sqrt{3}}{3} \ \text{A}$$

分母・分子に $\sqrt{3}$ を掛けて有理化

【問題4】 (答) (5)

$$\cos\theta_1 = \frac{10}{\sqrt{10^2 + 5^2}} = \frac{10}{\sqrt{100 + 25}} = \frac{10}{\sqrt{125}}$$

$$= \frac{10}{\sqrt{5 \times 25}} = \frac{10}{5\sqrt{5}} = \frac{10}{5 \times 2.236}$$

$$= \frac{10}{11.18} = 0.894$$

$$\cos\theta_2 = \frac{5}{\sqrt{10^2 + 5^2}} = \frac{5}{11.18} = 0.447$$

※計算は電卓を使います.

3 指数と指数法則

Q1：指数法則とは何ですか．またどの程度の計算公式を覚えておくことが必要ですか．

(1) 指数とは

第2節で学習したように，a を n 個を掛けた数を a^n と書き，この n を指数といいます．

$$\underbrace{a \times a \times \cdots \times a}_{n \text{個}} = a^n$$

つまり，何個掛け合わせたかを表す数が指数です．

指数に関する諸公式をまとめて指数法則と呼んでいます．

(2) 計算公式

指数については，次の①～⑥の計算公式を覚えておくとよい．

① $a^m a^n = a^{m+n}$

この法則は，

$$3^3 \times 3^2 = \underbrace{(3 \times 3 \times 3)}_{3 \text{個}} \times \underbrace{(3 \times 3)}_{2 \text{個}} = 3^{3+2} = 3^5$$

合計で 3 を $3+2=5$ 個掛ける

のような例を考えると分かりやすい．

② $(a^m)^n = a^{mn}$

この公式は，

$$(3^3)^2 = \underbrace{(3 \times 3 \times 3)}_{\substack{3 \text{を} 3 \text{個掛け合わ} \\ \text{せた数を} 2 \text{乗する}}}^2 = \underbrace{(3 \times 3 \times 3) \times (3 \times 3 \times 3)}_{\substack{\text{合計で} 3 \text{を} 3 \times 2 = 6 \text{個} \\ \text{掛ける}}} = 3^{3 \times 2} = 3^6$$

のような例を考えると分かりやすい．

③ $(a \times b)^n = a^n b^n$

この公式は,

$$(2 \times 3)^3 = \underbrace{(2 \times 3) \times (2 \times 3) \times (2 \times 3)}_{\substack{\text{合計で2を3個, 3を3個} \\ \text{掛ける}}} = 2^3 \times 3^3$$

のような例を考えると分かりやすい.

④ $\dfrac{a^m}{a^n} = a^{m-n}$

この公式は,

$$\frac{a^5}{a^2} = \underbrace{\frac{a \times a \times a \times a \times a}{a \times a}}_{\substack{\text{分子の} a \text{が2個} \\ \text{約分される}}} = a^{5-2} = a^3$$

のような例を考えると分かりやすい.

⑤ $a^0 = 1$

「a を0個掛ける.」と考えると理解しにくいが, ④の公式で, $m = n$ とすると,

$$\frac{a^m}{a^m} = a^{m-m} = a^0$$

と表されることから, $a^0 = 1$ とする約束であると考えればよい.

■ $a^0 = 1$ の公式

$$\frac{a^m}{a^m} = 1$$

$\begin{bmatrix} 同じ数で割るので \\ 1 となる \end{bmatrix}$

$$\frac{a^m}{a^m} = a^{m-m} = a^0$$

$\begin{bmatrix} ④の法則より \\ a^0 と表される \end{bmatrix}$

$\longrightarrow$ $a^0 = 1$ とする.

⑥ $\quad \dfrac{1}{a^n} = a^{-n}$

$\dfrac{a^m}{a^n} = a^{m-n}$ で, $m = 0$ のときは,

$$\frac{a^0}{a^n} = \frac{1}{a^n} = a^{0-n} = a^{-n}$$

となり,

$$\frac{1}{a^n} = a^{-n}$$

と表すことができます. 例えば, 10^{-3} は,

$$10^{-3} = \frac{1}{10^3} = \frac{1}{1000}$$

のことを表します. これが負の指数です.

〔練習問題1〕 次の(ア)～(ケ)に適当な指数を書き入れなさい.

(1) $2 \times 2 \times 2 = 2^{\boxed{(ア)}}$　　　(2) $3^3 \times 3^4 = 3^{\boxed{(イ)}}$

(3) $(2^3)^2 = 2^{\boxed{(ウ)}}$　　　(4) $(4 \times 5)^2 = 4^{\boxed{(エ)}} \times 5^{\boxed{(オ)}}$

(5) $2^{\boxed{(カ)}} = 1$　　　(6) $10^{\boxed{(キ)}} = 1$

(7) $\dfrac{10^5}{10^2} = 10^{\boxed{(ク)}}$　　　(8) $\dfrac{1}{10^2} = 10^{\boxed{(ケ)}}$

〔解き方〕（答）(ア) 3　　(イ) 7　　(ウ) 6　　(エ) 2　　(オ) 2

(カ) 0　　(キ) 0　　(ク) 3　　(ケ) −2

(1) $2 \times 2 \times 2 = 2^3$

(2) $3^3 \times 3^4 = 3^{3+4} = 3^7$

(3) $(2^3)^2 = 2^3 \times 2^3 = 2^{3 \times 2} = 3^6$

(4) $(4 \times 5)^2 = 4^2 \times 5^2$

(5) $2^0 = 1$

(6) $10^0 = 1$

(7) $\dfrac{10^5}{10^2} = 10^{5-2} = 10^3$

(8) $\dfrac{1}{10^2} = 10^{-2}$

Q2：指数法則はどのようなときに使われる
のですか．

　　第1表のようなM（メガ）やk（キロ）の接頭語がおの
おの 10^6 倍や 10^3 倍を表すことは知っていると思いますが，
これらの 10^n で表される数の入った掛け算や割り算および単位の換算な
どを行うときに指数法則を使うと便利です．

第1表　主な接頭語

名　称	記号	倍数	名　称	記号	倍数
ギ　ガ	G	10^9	ミ　リ	m	10^{-3}
メ　ガ	M	10^6	マイクロ	μ	10^{-6}
キ　ロ	k	10^3	ナ　ノ	n	10^{-9}
センチ	c	10^{-2}	ピ　コ	p	10^{-12}

　例えば，3 MΩ の抵抗に 2 mA の電流が流れたときの端子電圧〔kV〕は，

$$V = IR = 0.002 \times 3\,000\,000 = 6\,000\ \text{V} = 6\ \text{kV}$$

と計算できますが，指数法則を使うと，

$$V = 2 \times 10^{-3} \times 3 \times 10^6 = 6 \times 10^{6-3}$$
$$= 6 \times 10^3\ \text{V} = 6\ \text{kV}$$

となり，数の位どりの手間が省けます．

〔練習問題2〕 次の(ア)～(シ)に適当な指数を書き入れなさい.

(1) $1\,\mathrm{MW} = 10^{\boxed{(ア)}}\,\mathrm{W} = 10^{\boxed{(イ)}}\,\mathrm{kW}$

(2) $1\,\mathrm{mm}^2 = \{10^{\boxed{(ウ)}}\,\mathrm{m}\}^2 = 10^{\boxed{(エ)}}\,\mathrm{m}^2$

(3) $30\,000\,\mathrm{pF} = 30\,000 \times 10^{\boxed{(オ)}}\,\mathrm{F} = 3 \times 10^{\boxed{(カ)}}\,\mu\mathrm{F}$

(4) $1\,\mu\mathrm{C} = 10^{\boxed{(キ)}}\,\mathrm{C}$

(5) $1\,\mathrm{cm}^3 = \{10^{\boxed{(ク)}}\,\mathrm{m}\}^3 = 10^{\boxed{(ケ)}}\,\mathrm{m}^3$

(6) $1\,\mathrm{M\Omega}$ の抵抗に $200\,\mathrm{V}$ の電圧を加えたときに流れる電流 $I\,$〔A〕は,

$$I = \frac{V}{R} = \frac{2 \times 10^{\boxed{(コ)}}\,\mathrm{V}}{1 \times 10^{\boxed{(サ)}}\,\Omega} = 2 \times 10^{\boxed{(シ)}}\,\mathrm{A}$$

〔解き方〕 （答） (ア) 6　　 (イ) 3　　 (ウ) −3　　 (エ) −6

(オ) −12　 (カ) −2　 (キ) −6　 (ク) −2

(ケ) −6　 (コ) 2　 (サ) 6　 (シ) −4

(1) $1\,\mathrm{MW} = 10^6\,\mathrm{W} = 10^3 \times \underset{\text{kWと表せます.}}{\underline{10^3\,\mathrm{W}}} = 10^3\,\mathrm{kW}$

(2) $1\,\mathrm{mm}^2 = 10^{-3}\,\mathrm{m} \times 10^{-3}\,\mathrm{m} = (10^{-3}\,\mathrm{m})^2$

$= 10^{-3 \times 2}\,\mathrm{m}^2 = 10^{-6}\,\mathrm{m}^2$

(3) $30\,000\,\mathrm{pF} = 30\,000 \times 10^{-12}\,\mathrm{F} = 3 \times 10^4 \times 10^{-12}\,\mathrm{F}$

$= 3 \times 10^{4-12}\,\mathrm{F} = 3 \times 10^{-8}\,\mathrm{F}$

$= 3 \times 10^{-2} \times \underset{\text{μFと表せます.}}{\underline{10^{-6}\,\mathrm{F}}} = 3 \times 10^{-2}\,\mu\mathrm{F}$

(4) $1\,\mu\mathrm{C} = 1 \times 10^{-6}\,\mathrm{C}$

(5) $1\,\mathrm{cm}^3 = (10^{-2}\,\mathrm{m})^3 = (10^{-2})^3\,\mathrm{m}^3 = 10^{-2 \times 3}\,\mathrm{m}^3 = 10^{-6}\,\mathrm{m}^3$

(6) $I = \dfrac{V}{R} = \dfrac{200\,\mathrm{V}}{1\,\mathrm{M\Omega}} = \dfrac{2 \times 10^2\,\mathrm{V}}{1 \times 10^6\,\Omega} = 2 \times 10^{2-6}\,\mathrm{A} = 2 \times 10^{-4}\,\mathrm{A}$

■単位の換算の要領

〔例1〕 $mm^2 \rightarrow m^2$ に換算

$1\,mm = \dfrac{1}{1000}\,m = 10^{-3}\,m$ であるから，mm に $10^{-3}\,m$ を代入して，

$$1\,mm^2 = 1\,mm \times 1\,mm = (10^{-3}\,m)^2 = (10^{-3})^2\,m^2$$
$$= 10^{-3\times2}\,m^2 = 10^{-6}\,m^2$$

〔例2〕 $cm^3 \rightarrow m^3$ に換算

$1\,cm = \dfrac{1}{100}\,m = 10^{-2}\,m$ であるから，cm に $10^{-2}\,m$ を代入して，

$$1\,cm^3 = 1\,cm \times 1\,cm \times 1\,cm = (10^{-2}\,m)^3 = (10^{-2})^3\,m^3 = 10^{-6}\,m^3$$

〔例3〕 $km^2 \rightarrow m^2$ に換算

$1\,km = 1000\,m = 10^3\,m$ であるから，km に $10^3\,m$ を代入して，

$$1\,km^2 = 1\,km \times 1\,km = (10^3\,m)^2 = 10^{3\times2}\,m^2 = 10^6\,m^2$$

Q3：分数や小数の指数についても教えてください．また，どのような計算で使われるのですか．

(1) 分数や小数の指数

n 乗すると a になる数を $\sqrt[n]{a}$ で表します．ただし，$n=2$（平方根）の場合は n を省略し $\sqrt{a}$ と書きます．したがって，例えば，

$$\sqrt[3]{125} = \sqrt[3]{5\times5\times5} = 5 \qquad \sqrt{16} = \sqrt{4\times4} = 4$$

のようになります．この $\sqrt[n]{a}$ を $a^{\frac{1}{n}}$ と表すこともできます．これが分数の指数で，分数を小数で表せば小数の指数となります．

この分数や小数の指数についても，先に述べた①〜⑥の指数の公式をすべて使うことができ，次のような計算を行うことができます．

(ア) $a^2 \times \dfrac{1}{\sqrt{a}} = a^2 \times \dfrac{1}{a^{\frac{1}{2}}} = a^2 \times a^{-\frac{1}{2}} = a^{2-\frac{1}{2}} = a^{\frac{3}{2}}$

$\dfrac{1}{a^n} = a^{-n}$ 　　$a^m \times a^n = a^{m+n}$

(イ) $\sqrt[3]{a^2} = (a^2)^{\frac{1}{3}} = a^{\frac{2}{3}}$

$(a^m)^n = a^{mn}$

⑵ 分数の指数計算の応用例

分数の指数の計算が出てくる例としては，①式で表される水車の比速度の式があります．

$$比速度 \quad N_{\mathrm{S}} = N\frac{P^{\frac{1}{2}}}{H^{\frac{5}{4}}} \quad (\mathrm{m \cdot kW}) \hspace{2cm} ①$$

N：水車回転数〔min^{-1}〕，P：出力〔kW〕，H：有効落差〔m〕

この式で，$N = 500\ \mathrm{min}^{-1}$, $P = 40\ \mathrm{MW}$, $H = 256\ \mathrm{m}$ のときを例にとって，N_{S} の値を計算してみよう．

$$P = 40\ \mathrm{MW} = 40\,000\ \mathrm{kW} \ (\because \quad \mathrm{MW} = 1\,000\ \mathrm{kW})$$

$$P^{\frac{1}{2}} = \sqrt{40\,000} = \sqrt{200^2} = 200$$

$$H^{\frac{5}{4}} = (256)^{\frac{5}{4}} = (256)^{1.25} = 1\,024 \quad (計算の仕方は下記参照)$$

となり，

$$N_{\mathrm{S}} = 500 \times \frac{200}{1\,024} = 97.7\ \mathrm{m \cdot kW}$$

と計算することができます．なお，$H^{\frac{5}{4}}$ については少し手間がかかりますが，次のように計算します．

$$H^{\frac{5}{4}} = H^{1+\frac{1}{4}} = H \times \left(H^{\frac{1}{2}}\right)^{\frac{1}{2}} = H \times \left(\sqrt{H}\right)^{\frac{1}{2}} = 256 \times \left(\sqrt{256}\right)^{\frac{1}{2}}$$

$$= 256 \times \sqrt{16} = 256 \times 4 = 1\,024$$

〔練習問題３〕　次の㋐〜㋔に適当な指数を書き入れなさい．

(1) $16^{-\frac{1}{4}} = \left(2^{\boxed{㋐}}\right)^{-\frac{1}{4}} = 2^{\boxed{㋐} \times \left(-\frac{1}{4}\right)} = 2^{\boxed{㋑}} = \dfrac{1}{2}$

(2) $\sqrt[3]{8} = 8^{\boxed{㋒}} = 2$

(3) $125^{-\frac{1}{3}} = \dfrac{1}{125^{\boxed{㋓}}} = \dfrac{1}{\left(5^{\boxed{㋔}}\right)^{\boxed{㋓}}} = \dfrac{1}{5}$

〔解き方〕　(答)　㋐　4　　㋑　-1　　㋒　$\dfrac{1}{3}$　　㋓　$\dfrac{1}{3}$　　㋔　3

(1) $16^{-\frac{1}{4}} = (2 \times 2 \times 2 \times 2)^{-\frac{1}{4}} = (2^4)^{-\frac{1}{4}} = 2^{4 \times \left(-\frac{1}{4}\right)} = 2^{-1} = \dfrac{1}{2}$

(2)　$\sqrt[3]{8} = 8^{\frac{1}{3}} = (2 \times 2 \times 2)^{\frac{1}{3}} = (2^3)^{\frac{1}{3}} = 2^{3 \times \frac{1}{3}} = 2^1 = 2$

(3)　$125^{-\frac{1}{3}} = \dfrac{1}{125^{\frac{1}{3}}} = \dfrac{1}{(5 \times 5 \times 5)^{\frac{1}{3}}} = \dfrac{1}{(5^3)^{\frac{1}{3}}}$

$\qquad\qquad = \dfrac{1}{5^{3 \times \frac{1}{3}}} = \dfrac{1}{5^1} = \dfrac{1}{5}$

理解度チェック　問　題

【問題1】　5 MΩ の抵抗に 200 V の電圧を加えたときに流れる電流は次の手順で求めることができます．　□ の中に適当な数値を記入しなさい．

① 　$R = 5 \text{ M}\Omega = 5 \times 10^{\boxed{(7)}} \, \Omega$　　② 　$V = 2 \times 10^{\boxed{(1)}} \text{V}$

③ 　$V = IR$ より，

$$I = \frac{V \, [\text{V}]}{R \, [\Omega]} = \frac{2 \times 10^{\boxed{(1)}}}{5 \times 10^{\boxed{(7)}}} = 0.4 \times 10^{\boxed{(7)}} \text{ A}$$

$$= \boxed{(\text{エ})} \text{ mA}$$

【問題2】　極板面積 $A = 200 \text{ cm}^2$，極板距離 $t = 1 \text{ mm}$ の平板コンデンサの静電容量は次の手順で求めることができます．　□ の中に適当な数値を記入しなさい．

ただし，誘電率は $\varepsilon_0 = 8.855 \times 10^{-12}$ F/m とします．

① 　電極面積は $1 \text{ cm}^2 = 1 \times 10^{\boxed{(7)}} \text{ m}^2$ であるから，

$A = 200 \times 10^{\boxed{(7)}} \text{ m}^2$

② 　極板面積は，

$t = 1 \text{ mm} = 1 \times 10^{\boxed{(1)}} \text{ m}$

③ 　静電容量は，

$$C = \varepsilon_0 \, [\text{F/m}] \times \frac{A \, [\text{m}^2]}{t \, [\text{m}]} = 8.855 \times 10^{-12} \times \frac{200 \times 10^{\boxed{(7)}}}{1 \times 10^{\boxed{(1)}}}$$

$$= 1\,771 \times 10^{\boxed{(7)}} \text{ F} = \boxed{(\text{エ})} \text{ pF}$$

【問題3】 2 000 pF のコンデンサに 40 kV，60 Hz の電圧を加えたとき流れる電流は，次の手順で求めることができます．□ の中に適当な数値を記入しなさい．

① 静電容量 C は，

$$C = 2\,000 \times 10^{\boxed{(ア)}} = 2 \times 10^{\boxed{(イ)}} \times 10^{\boxed{(ア)}}$$
$$= 2 \times 10^{\boxed{(ウ)}}\,\text{F}$$

② 電圧 V は，

$$V = 40 \times 10^{\boxed{(エ)}} = 4 \times 10^{\boxed{(オ)}}\,\text{V}$$

③ 電流 I は，$I = \omega C V$ より（ω:電源の角周波数 $= 2\pi f$，f:電源の周波数），

$$I = 2\pi \times 60 \times 2 \times 10^{\boxed{(ウ)}} \times 4 \times 10^{\boxed{(オ)}} = 3\,016 \times 10^{\boxed{(カ)}}\,\text{A}$$
$$= \boxed{(キ)}\,\text{mA}$$

【問題4】 最大出力 20 MW，有効落差 60 m，回転速度 300 min^{-1} のフランシス水車の比速度の値〔m·kW〕として，最も近いものを次のうちから選びなさい．

$$(\text{参考})\quad N_\text{S} = N\frac{\sqrt{P}}{H^{\frac{5}{4}}}$$

N_S:比速度，N:回転速度，P:出力，H:有効落差

(1) 185　　(2) 200　　(3) 225　　(4) 240　　(5) 255

理解度チェック 解 答

【問題1】 （答）(ア) 6　　(イ) 2　　(ウ) −4　　(エ) 0.04

① 5 MΩ $= 5 \times 10^6\,\Omega$

② 200 V $= 2 \times 10^2\,\text{V}$

③ $I = \dfrac{V}{R} = \dfrac{2 \times 10^2}{5 \times 10^6} = \dfrac{2}{5} \times 10^{2-6}$

$= 0.4 \times 10^{-4} = 0.4 \times 10^{-1} \times 10^{-3}\,\text{A}$

$= 0.4 \times 10^{-1}\,\text{mA} = 0.04\,\text{mA}$

【問題2】 （答） ㋐ −4　　㋑ −3　　㋒ −13　　㋓ 177.1

① $1 \text{ cm}^2 = 1 \text{ cm} \times 1 \text{ cm} = (1 \times 10^{-2} \text{ m})^2 = 1 \times 10^{-2 \times 2} \text{ m}^2 = 1 \times 10^{-4} \text{ m}^2$

∴ $A = 200 \text{ cm}^2 = 200 \times 10^{-4} \text{ m}^2$

② $t = 1 \text{ mm} = 1 \times 10^{-3} \text{ m}$

③ $C = \varepsilon_0 \dfrac{A}{t} = 8.855 \times 10^{-12} \times \dfrac{200 \times 10^{-4}}{1 \times 10^{-3}}$

$= 8.855 \times 200 \times 10^{-12} \times 10^{-4} \times 10^3$

$= 1\,771 \times 10^{-12-4+3} = 1\,771 \times 10^{-13}$

$= 1\,771 \times 10^{-1} \times \underset{\text{pF}}{\underline{10^{-12}}} \text{ F}$

$= 177.1 \text{ pF}$

【問題3】 （答） ㋐ −12　　㋑ 3　　㋒ −9　　㋓ 3

　　　　　　㋔ 4　　㋕ −5　　㋖ 30.16

① $C = 2\,000 \times 10^{-12} \text{ F} = 2 \times 10^3 \times 10^{-12} \text{ F} = 2 \times 10^{3-12} \text{ F} = 2 \times 10^{-9} \text{ F}$

② $V = 40 \times 10^3 \text{ V} = 4 \times 10^4 \text{ V}$

③ $I = \omega C V = 2\pi \times 60 \times 2 \times 10^{-9} \times 4 \times 10^4$

$= 2 \times 3.142 \times 60 \times 2 \times 4 \times 10^{-9} \times 10^4$

$= 3\,016 \times 10^{-9+4} = 3\,016 \times 10^{-5} = 3\,016 \times 10^{-2} \times \underset{\text{mA}}{\underline{10^{-3}}} \text{ A}$

$= 30.16 \text{ mA}$

【問題4】

$\begin{cases} P = 20 \text{ MW} = 20 \times 10^3 \text{ kW} = 20\,000 \text{ kW} \\ H = 60 \text{ m} \\ N = 300 \text{ min}^{-1} \end{cases}$

$$N_{\mathrm{s}} = N \dfrac{P^{\frac{1}{2}}}{H^{\frac{5}{4}}} = 300 \times \dfrac{\sqrt{20\,000}}{60^{\frac{5}{4}}} = 300 \times \dfrac{100 \times \sqrt{2}}{60 \times (\sqrt{60})^{\frac{1}{2}}}$$

$$= 300 \times \dfrac{141.4}{60 \times (\sqrt{60})^{\frac{1}{2}}} = \dfrac{300 \times 141.4}{60 \times \sqrt{7.746}} = 254.0 \text{ m} \cdot \text{kW}$$

（注）$\sqrt{60}$ は $2 \times \sqrt{3} \times \sqrt{5}$ としても計算できますが，電卓を使用して直接 $\sqrt{60} = 7.746$ と計算したほうがよい．

4 一次方程式と移項

(1) 方程式とは

二つの式を等号（＝）で結びつけたものを等式といい，その等式の中に値の分からない文字をもつものを方程式といいます．その値の分からない文字について，その等式が成り立つときの値を求めることを「方程式を解く」といい，また，その値を解または根といいます．

方程式は〇元□次方程式のように書かれる場合がありますが，

> 〇元：値の分からない文字の種類がいくつか．
> □次：値の分からない文字の最大の次数はいくつか．

を表しています．

例えば，

① $2x+1=0$：値の分からない文字は x の 1 種類（一元）で，その次数は 1（一次）であるから「一元一次方程式」

② $2x^2+4x+y=5$：値の分からない文字は x, y の 2 種類（二元）で，その最大の次数は x^2 の項があるので，2（二次）であるから「二元二次方程式」

(2) 等式の性質

さて，前置きが長くなりましたが，方程式を解くためには，次の等式の性質を使います．この性質は一般的な式の変形などにも使われます．

① 等式の両辺に同じ数を足しても等式は成り立つ．

　　$A=B$ ならば，$A+C=B+C$

② 等式の両辺から同じ数を引いても等式は成り立つ．

　　$A=B$ ならば，$A-C=B-C$

③ 等式の両辺に同じ数を掛けても等式は成り立つ．

$$A = B \text{ ならば, } AC = BC$$

④ 等式の両辺を 0 でない同じ数で割っても等式は成り立つ.

$$A = B \text{ ならば, } \frac{A}{C} = \frac{B}{C}$$

ただし，$C \neq 0$（$\neq$ は等しくないという記号）

例えば，$3x - 8 = x + 2$ について，①～④の性質を使ってどのように x の値を求めるかを次に示してみよう.

$$3x - 8 = x + 2$$

↓（両辺に 8 を足す）

$$3x - 8 + 8 = x + 2 + 8$$
$$3x = x + 10$$

↓（両辺から x を引く）

$$3x - x = x - x + 10$$
$$2x = 10$$

↓（両辺を 2 で割る）

$$\frac{2x}{2} = \frac{10}{2}$$
$$x = 5$$

⑶ 移 項

以上のようにして，方程式は等式の性質を使って式を変形して解くことになりますが，もう一度①と②の性質について考えてみよう.

$$3x \underbrace{- 8} = x + 2 \quad \overset{\text{(両辺に 8 を足す)}}{\Rightarrow} \quad 3x = x + 2 \underbrace{+ 8}$$

（左辺の -8 が $+8$ となって右辺へ移動）

$$3x = \underbrace{x} + 10 \quad \overset{\text{(両辺から }x\text{ を引く)}}{\Rightarrow} \quad 3x \underbrace{- x} = 10$$

（右辺の x が $-x$ となって左辺へ移動）

となる結果から，①と②の性質は，「等式のある項をプラス，マイナスの符号を変えて他の辺へ移しても等式は成り立つ」ということもできます．この考え方で式を変形することを移項といいます.

$$3x - 8 = x + 2$$

(移項)

$$3x - x = 8 + 2$$

⇩

$$2x = 10 \qquad \therefore \quad x = 5$$

移項を使うとスピーディーに式の変形ができます.

∴は「したがって」を表す記号で，数式の前に付けて用います.

〔例題１〕 次の方程式を解きなさい.

(1) $x - 3 = 0$　　(2) $x - 3 = 4$　　(3) $6 - 5x = 4$

(4) $4x - 6 = -2 - x$　　(5) $\dfrac{2}{3}x - \dfrac{x-3}{6} = 0$

〔解き方〕

(1) $x - 3 = 0$

-3 を右辺へ移項して，

$$x = 3$$

(2) $x - 3 = 4$

-3 を右辺へ移項して，

$$x = 3 + 4 = 7$$

(3) $6 - 5x = 4$

$-5x$ を右辺へ，4 を左辺に移項して，

$$6 - 4 = 5x$$

$$2 = 5x$$

左辺と右辺を入れ替え（入れ替えても等式は成り立ちます），両辺を
5 で割って，

$$x = \frac{2}{5}$$

(4) $4x - 6 = -2 - x$

-6 を右辺へ，$-x$ を左辺に移項して，

$$4x + x = 6 - 2$$

$$5x = 4$$

両辺を 5 で割って，

$$x = \frac{4}{5}$$

(5) $\dfrac{2}{3}x - \dfrac{x-3}{6} = 0$

両辺に 6 を掛けると左辺は，

$$\frac{2}{3}x \times 6 - \frac{x-3}{6} \times 6 = \frac{6}{3} \times 2x - (x-3)$$
$$= 4x - (x-3) \text{ となるので，}$$

$$4x - (x-3) = 0$$
$$3x + 3 = 0$$

3 を右辺に移項して，

$$3x = -3$$

両辺を 3 で割って，

$$x = -1$$

Q2：一次方程式はどのような問題で出題されるのか，方程式の立て方も含め示してください．

では，具体例をもとに方程式の立て方と解き方について学習してみよう．

(1) 例題 1

〈例題1〉

10 Ω の抵抗とある抵抗を直列に接続し，100 V の直流電圧を加えたところ 5 A の電流が流れたという．接続した抵抗の値〔Ω〕はいくらか．正しいものを次のうちから選びなさい．

(1) 5 　　 (2) 10 　　 (3) 15 　　 (4) 20 　　 (5) 25

① 問題の内容をつかむ

求める抵抗の値を R〔Ω〕とし，問題の内容を図で表すと**第 1 図**となります．

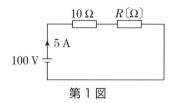

第１図

② 方程式を立てる

全体の抵抗は $10+R$〔Ω〕となるので，オームの法則より次式が成り立ちます．

$$100 = 5(10+R) \qquad\qquad ①$$

③ 方程式を解く

①式の右辺を展開して，

$$100 = 5(10+R) = 50+5R \qquad 分配法則：a(b+c) = ab+ac$$

50 を左辺に移項して，

$$100-50 = 5R$$

$$50 = 5R$$

両辺を 5 で割ると次の値が求まります．

$$R = 10\ \Omega \qquad\qquad (答)\quad (2)$$

また，次のように考えることもできます．

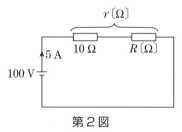

第２図

第２図に示すように，100 V を加えたとき，5 A の電流が流れるような抵抗の大きさを r〔Ω〕とすると，

$$100 = 5r$$

$$\therefore \quad r = \frac{100}{5} = 20\ \Omega$$

$r = 10+R$ ですから，

$$r = 10 + R = 20$$

$$\therefore \quad R = 20 - 10 = 10 \ \Omega$$

(2) 例題2

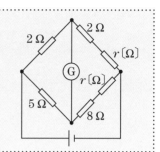

〈例題2〉

　図の回路で検流計 G の振れが 0 となる抵抗 r〔Ω〕の値として正しいものを次のうちから選びなさい.

(1) 1　　(2) 2　　(3) 3

(4) 4　　(5) 5

4

① 問題の内容をつかむ

例題2はブリッジの平衡条件に関するものです.

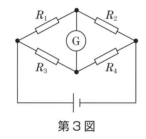

第3図

　第3図のようなブリッジ回路では，ブリッジの対辺どうしの抵抗の積が等しい $(R_1 R_4 = R_2 R_3)$ ときに平衡し，検流計 G の振れは 0 となります.

② 方程式を立てる

　求める抵抗は r〔Ω〕と問題で与えられていますから，この記号をそのまま使って，ブリッジの平衡条件式を立てると，

$$2(r+8) = 5(2+r) \qquad\qquad ①$$

③ 方程式を解く

①式の両辺を展開すると，

$$2(r+8) = 2 \times r + 2 \times 8 = 2r + 16$$

$$5(2+r) = 5 \times 2 + 5 \times r = 10 + 5r$$

$$\therefore \quad 2r + 16 = 10 + 5r$$

$2r$ を右辺に，10 を左辺に移項して，

$$16 - 10 = 5r - 2r$$

$$6 = 3r$$

両辺を 3 で割ると，$r = 2\,\Omega$ となります． (答) (2)

理解度チェック 問 題

【問題1】 図の回路の合成抵抗が $3\,\Omega$ になるときの抵抗 R_1 の値 $[\Omega]$ として，最も近いものを次のうちから選びなさい．

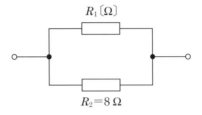

(参考) 合成抵抗 $R = \dfrac{R_1 R_2}{R_1 + R_2}$

(1) 3.8 　　(2) 4.2 　　(3) 4.8 　　(4) 5.2 　　(5) 5.6

【問題2】 図のような直流回路で，電源電圧 $E\,[\mathrm{V}]$ を一定としたとき，スイッチ S を閉じた場合の電流がスイッチ S を開いた場合の電流の 2 倍になる抵抗 r の値 $[\Omega]$ として，最も近いものを次のうちから選びなさい．

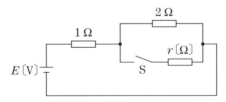

(参考) スイッチ S を閉じたときの合成抵抗は，

$$1 + \frac{2r}{2 + r}\ [\Omega]$$

となります．

(1) 0.67 　　(2) 0.88 　　(3) 1 　　(4) 1.33 　　(5) 1.67

【問題3】 図のブリッジ回路が平衡するときの抵抗 r の値〔Ω〕として，最も近いものを次のうちから選びなさい.

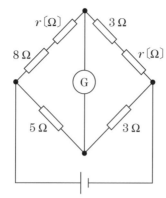

(1) 3.5 (2) 3.8 (3) 4.1 (4) 4.3 (5) 4.5

理解度チェック 解 答

【問題1】 （答） (3)

$$R = \frac{R_1 R_2}{R_1 + R_2} = \frac{8R_1}{R_1 + 8} = 3$$

$\dfrac{8R_1}{R_1 + 8} = 3$ の両辺に $(R_1 + 8)$ を掛けて，

$$\frac{8R_1}{R_1 + 8} \times (R_1 + 8) = 3(R_1 + 8)$$

$$8R_1 = 3R_1 + 24$$

$$8R_1 - 3R_1 = 24$$

$$5R_1 = 24$$

$$\therefore \quad R_1 = \frac{24}{5} = 4.8 \ \Omega$$

【問題2】 （答） (1)

S を閉じる前の合成抵抗 R は，

$$R = 1 + 2 = 3 \ \Omega$$

S を閉じたときの合成抵抗 R' が R の $\dfrac{1}{2}$，すなわち，$R' = \dfrac{3}{2} \ \Omega$ であ

れば，電流が 2 倍となるので，（参考）で与えられた式より，

$$R' = 1 + \frac{2r}{2+r} = \frac{3}{2}$$

第 2 辺と第 3 辺に $2+r$ を掛けて，

$$\left\{ 1 + \frac{2r}{2+r} \right\}(2+r) = \frac{3}{2}(2+r)$$

$$1 \times (2+r) + 2r = \frac{3}{2}(2+r)$$

$$2 + 3r = \frac{3}{2}(2+r)$$

両辺に 2 を掛けて，

$$2(2+3r) = 3(2+r)$$

$$4 + 6r = 6 + 3r$$

4 を右辺に，$3r$ を左辺に移項して，

$$6r - 3r = 6 - 4$$

$$3r = 2$$

$$\therefore \quad r = \frac{2}{3} = 0.667 \ \Omega$$

【問題3】（答）⑸

　ブリッジが平衡するときは，相対する辺の抵抗の積が等しいときであるから，

$$(8+r) \times 3 = (3+r) \times 5$$

$$24 + 3r = 15 + 5r$$

15 を左辺に，$3r$ を右辺に移項して，

$$24 - 15 = 5r - 3r$$

$$9 = 2r$$

$$\therefore \quad r = \frac{9}{2} = 4.5 \ \Omega$$

5 比 と そ の 応 用

Q1：比とは何ですか．比を表す式の扱い方について分かりやすく説明してください．

　　　　　a を比べられる量，b を元にする量とすると，a の b に対する比を

$$a:b=1:3$$

のように表します．これは，a は b に対して $\dfrac{1}{3}$ の比率であることを表しています．

　比を表す式については，次の性質があります．

① 例えば，$a:b=1:3$ は $\dfrac{a}{b}=\dfrac{1}{3}$ を表しています．

② 比を表すそれぞれの数字に，同じ数を掛けても比の値は変わらない．

　（例）　$\underset{\text{10 を掛ける}}{\underline{0.1:0.3=1:3}}$

③ 比を表すそれぞれの数字を，同じ数で割っても比の値は変わらない．

　（例）　$\underset{\text{3 で割る}}{\underline{3:9=1:3}}$

④ 等号で結ばれた比について，内積（内側の数字の積）と外積（外側の数字の積）は等しい．

　（例）　$0.1:0.3=1:3$　　　内積 $0.3\times1=$ 外積 $0.1\times3=0.3$
内積
外積

$$（例）\quad 3:9=1:3$$

内積 ↗
外積 ↘

内積 $9 \times 1 = $ 外積 $3 \times 3 = 9$

$A:B=a:b$ とすると $\dfrac{A}{B}=\dfrac{a}{b}$ となる．この両辺に Bb を掛けると，$Ab=Ba$ となることから，内積＝外積となることが分かります．

〔練習問題1〕 次の比の値を求めなさい．

$$（例）\quad 1:3=\frac{1}{3}$$

(1) $2:4$ (2) $3:5$ (3) $\dfrac{1}{2}:\dfrac{1}{3}$ (4) $1.2:0.3$

〔解き方〕

(1) $2:4=\dfrac{2}{4}=\dfrac{1}{2}=0.5$

(2) $3:5=\dfrac{3}{5}=0.6$

(3) $\dfrac{1}{2}:\dfrac{1}{3}=\dfrac{\frac{1}{2}}{\frac{1}{3}}=\dfrac{1}{2}\times\dfrac{3}{1}=\dfrac{3}{2}=1.5$

(4) $1.2:0.3=\dfrac{1.2}{0.3}=\dfrac{12}{3}=4$

〔練習問題2〕 次の x の値を求めなさい．

$$（例）\quad 1:2=2:x \quad\rightarrow\quad 内積＝外積より\ 2\times2=x$$
$$\therefore\quad x=4$$

(1) $1:3=x:9$

(2) $0.1:x=2:5$

(3) $\dfrac{1}{2}:\dfrac{1}{5}=3:x$

(4) $x:0.5=2:5$

〔解き方〕

(1) $3x = 9$ $\therefore$ $x = 3$

(2) $2x = 0.1 \times 5$ $\therefore$ $x = \dfrac{0.5}{2} = 0.25$

(3) $\dfrac{1}{5} \times 3 = \dfrac{1}{2} \times x$ $\dfrac{3}{5} = \dfrac{x}{2}$ $\therefore$ $x = \dfrac{3 \times 2}{5} = \dfrac{6}{5} = 1.2$

(4) $5x = 2 \times 0.5 = 1$ $\therefore$ $x = \dfrac{1}{5} = 0.2$

Q2：比の計算はどのような問題を解くときに用いられますか．具体的な問題をあげて説明してください．

　　　　　比の知識を用いると分かりやすいテーマに，電圧の分圧(ぶんあつ)や電流の分流(ぶんりゅう)の問題があります．

⑴　抵抗回路の分圧

　第1図のように抵抗 R_1〔Ω〕と抵抗 R_2〔Ω〕をつなげた回路では，この二つの抵抗を流れる電流は等しくなります．したがって，各々の抵抗に加わる電圧を V_1〔V〕と V_2〔V〕とすると，

$$V_1 : V_2 = R_1 I : R_2 I = R_1 : R_2 \qquad ①$$

となります．したがって，第2図の回路で $R_1 = 3\ \Omega$ に $V_1 = 6\ \mathrm{V}$ の電圧が加わっているときには，$R_2 = 7\ \Omega$ の抵抗に加わる電圧 V_2 は，①式より次のように求めることができます．

$$6 : V_2 = 3 : 7$$

内積＝外積より，

$$3V_2 = 6 \times 7 = 42$$

$$V_2 = \dfrac{42}{3} = 14\ \mathrm{V}$$

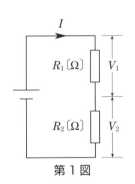

第1図

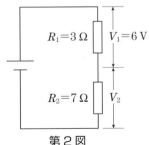

第2図

次に，①式の右辺を (R_1+R_2) で割ると，

$$V_1 : V_2 = \frac{R_1}{R_1 + R_2} : \frac{R_2}{R_1 + R_2}$$

②

②式は，全体の抵抗値を (R_1+R_2) とすると，V_1 は R_1 の比率分，V_2 は R_2 の比率分になることを表しています．

したがって，第3図の回路で抵抗 R_1 〔Ω〕と抵抗 R_2 〔Ω〕に加わる電圧は次のように表されます．

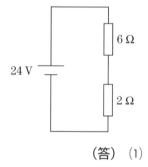

第3図

$$V_1 = \frac{R_1}{R_1 + R_2} V$$

③

$$V_2 = \frac{R_2}{R_1 + R_2} V$$

④

③式，④式が理論で学習する抵抗の分圧の公式です．

〔練習問題1〕 図のような回路で 2 Ω の抵抗に加わる電圧の値 V 〔V〕として，最も近いものを次のうちから選びなさい．

(1) 6   (2) 8   (3) 14
(4) 16   (5) 18

〔解き方〕 ④式より，

$$V = \frac{2}{6+2} \times 24 = \frac{2 \times 24}{8} = 6\,\text{V}$$

(答) (1)

⑵ コンデンサ回路の分圧

第4図のように静電容量 C_1 〔F〕と静電容量 C_2 〔F〕の2個のコンデンサを接続した回路では，この二つのコンデンサに蓄えられる電荷 Q 〔C〕が等しくなります．コンデンサの電圧は，$Q = CV$ の公式から，$V = \dfrac{Q}{C}$ となるので，

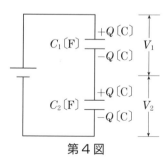

第4図

$$V_1 : V_2 = \frac{Q}{C_1} : \frac{Q}{C_2} = \frac{1}{C_1} : \frac{1}{C_2} \qquad ⑤$$

⑤式の第3辺に$C_1 C_2$を掛けると，⑥式になります．

$$V_1 : V_2 = C_2 : C_1 \qquad ⑥$$

したがって，**第5図**の回路で$C_1 = 5\ \mu\mathrm{F}$に$V_1 = 6\ \mathrm{V}$の電圧が加わっているときには，$C_2 = 2\ \mu\mathrm{F}$に加わる電圧V_2は，次のように求めることができます．

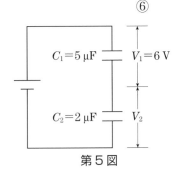

第5図

$$6 : V_2 = 2 : 5$$

内積＝外積より，

$$2V_2 = 5 \times 6 = 30$$

$$V_2 = \frac{30}{2} = 15\ \mathrm{V}$$

次に，⑥式の右辺を，$(C_1 + C_2)$で割ると，

$$V_1 : V_2 = \frac{C_2}{C_1 + C_2} : \frac{C_1}{C_1 + C_2} \qquad ⑦$$

⑦式は，全体の静電容量を$(C_1 + C_2)$とすると，V_1はC_2の比率分，V_2はC_1の比率分になることを表しています．

したがって，**第6図**の回路で静電容量C_1〔F〕と静電容量C_2〔F〕に加わる電圧は次のように表されます．

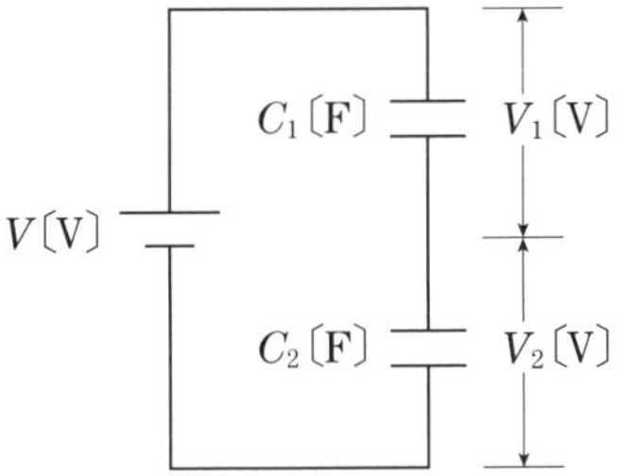

$$V_1 = \frac{C_2}{C_1 + C_2} V \qquad ⑧$$

$$V_2 = \frac{C_1}{C_1 + C_2} V \qquad ⑨$$

⑧式，⑨式が理論で学習するコンデンサの分圧の公式です．

第6図

〔練習問題2〕 図のような回路で2μFの
コンデンサに加わる電圧の値 V〔V〕として,
最も近いものを次のうちから選びなさい.

(1) 6 (2) 8 (3) 14

(4) 16 (5) 18

〔解き方〕 ⑨式より,

$$V = \frac{6}{6+2} \times 24 = \frac{6 \times 24}{8} = 18\,\text{V}$$

(答) (5)

(3) 抵抗回路の分流

第7図のように抵抗 R_1〔Ω〕
と抵抗 R_2〔Ω〕を接続した回路
に流れる電流は,電圧が等しく
なるように I_1〔A〕と I_2〔A〕に
分かれて流れます.

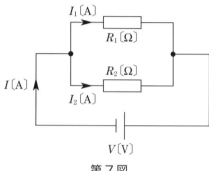

第7図

したがって,抵抗に加わる電
圧を V〔V〕とすると,

$$V = R_1 I_1 = R_2 I_2 \tag{⑩}$$

⑩式の第2辺,第3辺を変形すると,

$$\frac{I_1}{I_2} = \frac{R_2}{R_1}$$

$$\therefore \quad I_1 : I_2 = R_2 : R_1 \tag{⑪}$$

⑪式の右辺を (R_1+R_2) で割ると,

$$I_1 : I_2 = \frac{R_2}{R_1 + R_2} : \frac{R_1}{R_1 + R_2} \tag{⑫}$$

⑫式は,全体の抵抗値を (R_1+R_2) とすると,I_1 は R_2 の比率分,I_2 は R_1 の比率分になることを表しています.

したがって,回路に流れる電流を I〔A〕とすると,抵抗 R_1 および抵抗 R_2 に流れる電流は次のように表されます.

$$I_1 = \frac{R_2}{R_1 + R_2} I \tag{⑬}$$

$$I_2 = \frac{R_1}{R_1 + R_2}I \qquad\qquad ⑭$$

⑬式，⑭式が理論で学習する抵抗の分流の公式です．

〔練習問題３〕 図のような回路で $4\,\Omega$ の抵抗に流れる電流の値 I 〔A〕として，最も近いものを次のうちから選びなさい．

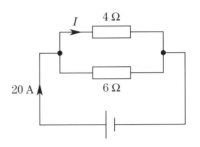

(1) 8 　 (2) 10 　 (3) 12

(4) 14 　 (5) 16

〔解き方〕 ⑬式より，

$$I = \frac{6}{4+6} \times 20 = \frac{6 \times 20}{10} = 12\,\mathrm{A} \qquad\qquad （答） (3)$$

理解度チェック 問 題

【問題１】 図の回路で，ab 端子間に 600 V の電圧を加えたときに，10 kΩ の抵抗に加わる電圧が 150 V になった．抵抗の値 R 〔kΩ〕として，最も近いものを次のうちから選びなさい．

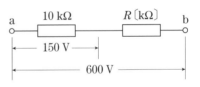

(1) 10 　 (2) 20 　 (3) 30 　 (4) 40 　 (5) 50

【問題２】 図の回路で，ab 端子間に 100 kV の電圧を加えたときに，静電容量が 18 pF のコンデンサに加わる電圧が 25 kV になった．静電容量の値 C 〔pF〕として，最も近いものを次のうちから選びなさい．

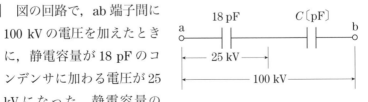

(1) 6 　 (2) 9 　 (3) 14 　 (4) 54 　 (5) 72

【問題3】 図のように, 抵抗 R に 0.1 Ω の抵抗を並列に接続した. 全体に 600 mA の電流が流れたときに, 0.1 Ω の抵抗には 500 mA が流れた. 抵抗の値 R〔Ω〕として最も近いものを次のうちから選びなさい.

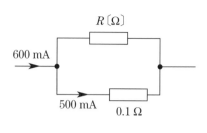

(1) 0.1　　(2) 0.2　　(3) 0.3　　(4) 0.4　　(5) 0.5

理解度チェック 解 答

【問題1】 (答) (3)

10 kΩ の抵抗に加わる電圧は, 抵抗の分圧の公式より,

$$V = \frac{10}{10+R} \times 600 = 150 \text{ V}$$

第 2 辺, 第 3 辺に $(10+R)$ を掛けると,

$$10 \times 600 = 150(10+R) = 150 \times 10 + 150R$$

$$6\,000 = 1\,500 + 150R$$

$$150R = 6\,000 - 1\,500 = 4\,500$$

$$\therefore \ R = \frac{4\,500}{150} = 30 \text{ kΩ}$$

【別解】 10 kΩ の抵抗に 150 V 加わるときは, R〔kΩ〕の抵抗には 600 − 150 = 450 V が加わるので,

$$10 \text{ kΩ} : R\text{〔kΩ〕} = 150 : 450 = 1 : 3$$

内積 = 外積より,

$$R = 10 \times 3 = 30 \text{ kΩ}$$

【問題2】 (答) (1)

18 pF のコンデンサに加わる電圧は, コンデンサの分圧の公式より,

$$V = \frac{C}{18+C} \times 100 = 25 \text{ kV}$$

第2辺，第3辺に$(18+C)$を掛けると，

$$100\,C = 25(18+C) = 450+25\,C$$

$$100\,C-25\,C = 450$$

$$75\,C = 450$$

$$\therefore\ C = \frac{450}{75} = 6\,\text{pF}$$

【別解】　18 pF のコンデンサに 25 kV 加わるときは，C〔pF〕のコンデンサには $100-25 = 75$ kV の電圧が加わるので，

$$25:75 = C:18$$

内積 = 外積より，

$$75\,C = 25\times18$$

$$\therefore\ C = \frac{25\times18}{75} = 6\,\text{pF}$$

【問題3】　（答）　⑸

0.1 Ω の抵抗に流れる電流 I は，抵抗の分流の公式より，

$$I = \frac{R}{R+0.1}\times600 = 500\,\text{mA}$$

第2辺，第3辺に$(R+0.1)$を掛けると，

$$600\,R = 500(R+0.1) = 500\,R+50$$

$$(600-500)R = 50$$

$$100\,R = 50$$

$$\therefore\ R = \frac{50}{100} = 0.5\,\Omega$$

【別解】　0.1 Ω の抵抗に 500 mA $= 0.5$ A の電流が流れるときは，R〔Ω〕の抵抗には $600-500 = 100$ mA $= 0.1$ A の電流が流れる．

二つの抵抗に加わる電圧は等しいので，

$$V = R\times0.1 = 0.5\times0.1 = 0.05\,\text{V}$$

$$\therefore\ R = \frac{0.05}{0.1} = 0.5\,\Omega$$

6 連立一次方程式

Q1：連立方程式の解き方にはどのような方法があるのですか.

二つ以上の未知数（値の分からない数）を含むいくつかの方程式を連立方程式といいます．連立方程式の解き方には次の方法があります.

(1) 代入法
(2) 加減法

⑴ 代入法

代入法は，まず，一つの文字について解き，それを他の方程式に代入して未知数が一つ少ない方程式を導く．以下これを繰り返して方程式を解く方法です.

では，この方法で例題1を解いてみよう.

> ⟨例題1⟩
>
> 次の連立方程式を解きなさい.
> $$\begin{cases} 2x+y=5 & ① \\ x-2y=0 & ② \end{cases}$$

まず，①式について，y を表す式に変形します.

$$y=5-2x \qquad\qquad ③$$

これを②式に代入すると，未知数が x だけの方程式が得られます.

$$x-2y=x-2(5-2x)=x-10+4x=0$$

$$\therefore\quad 5x-10=0$$
$$5x=10$$
$$x=2 \qquad\qquad ④$$

次に，④式を③式に代入して y の値を求めると，

$$y = 5 - 2x = 5 - 2 \times 2 = 5 - 4 = 1$$

以上より，$x = 2$, $y = 1$ の解が得られます．

(2) 加減法

加減法は，連立方程式の一つの文字の係数の大きさをそろえ，辺々を足したり引いたりして，未知数の一つ少ない連立方程式を導きます．以下，これを繰り返して方程式を解く方法です．

加減法で問題1を解くときは，まず x の係数に着目して，①式はそのまま，②式は両辺を2倍した式にして，

$$\begin{array}{r} 2x + y = 5 \quad \cdots\cdots① \\ -)\ \ 2x - 4y = 0 \quad \cdots\cdots②\times2 \\ \hline 5y = 5 \end{array}$$

上のように①−②×2を計算すると，x のない式が得られ，$5y = 5$ より $y = 1$ が得られます．これを①式に代入すると，

$$2x + 1 = 5$$
$$2x = 5 - 1 = 4$$
$$\therefore \quad x = 2$$

となり，$x = 2$, $y = 1$ の解が得られます．

以上のように，連立方程式は代入法または加減法で解くことができますが，未知数が多い場合は加減法で解いたほうが手数がかからないことが多いです．

〔練習問題1〕 次の連立方程式を解きなさい．

(1) $\begin{cases} 4x + 3y = 11 \\ 2x - 7y = -3 \end{cases}$

(2) $\begin{cases} 2x + 3y = 9 \\ 4x + y = 13 \end{cases}$

(3) $\begin{cases} x + y + z = 5 \\ x + 2y + 5z = 7 \\ 2x - 3y + 2z = 1 \end{cases}$

〔解き方〕

(1) $\begin{cases} 4x+3y=11 & ① \\ 2x-7y=-3 & ② \end{cases}$

①式$-$②式$\times 2$ を計算します.

$$4x+3y=11$$
$$-\underline{)\ \ 4x-14y=-6}$$
$$17y=17$$

$\therefore\ \ y=1$

これを①式に代入して,

$$4x+3=11$$
$$4x=8$$

$\therefore\ \ x=2$

以上より,$x=2$,$y=1$

(答)　$x=2$,$y=1$

(2) $\begin{cases} 2x+3y=9 & ① \\ 4x+y=13 & ② \end{cases}$

①式$\times 2-$②式 を計算します.

$$4x+6y=18$$
$$-\underline{)\ \ 4x+y=13}$$
$$5y=5$$

$\therefore\ \ y=1$

これを①式に代入して,

$$2x+3=9$$
$$2x=6$$

$\therefore\ \ x=3$

以上より,$x=3$,$y=1$

(答)　$x=3$,$y=1$

(3)
$$\begin{cases} x+y+z=5 & \text{①} \\ x+2y+5z=7 & \text{②} \\ 2x-3y+2z=1 & \text{③} \end{cases}$$

①式－②式を計算します.

$$\begin{array}{r} x+y+z=5 \\ -)\ \underline{x+2y+5z=7} \\ -y-4z=-2 \end{array}$$ ④

②式×2－③式を計算します.

$$\begin{array}{r} 2x+4y+10z=14 \\ -)\ \underline{2x-3y+2z=1} \\ 7y+8z=13 \end{array}$$ ⑤

④式×7＋⑤式を計算します.

$$\begin{array}{r} -7y-28z=-14 \\ +)\ \underline{7y+8z=13} \\ -20z=-1 \end{array}$$

$$\therefore \quad z=\frac{1}{20}$$

これを④式に代入して,

$$-y-4\times\frac{1}{20}=-2$$

$$-y-\frac{1}{5}=-2$$

$$\therefore \quad y=2-\frac{1}{5}=\frac{9}{5}$$

y, z の解を①式に代入して

$$x+\frac{9}{5}+\frac{1}{20}=5$$

$$\therefore \quad x=5-\frac{9}{5}-\frac{1}{20}=\frac{100-36-1}{20}=\frac{63}{20}$$

以上より，

$$x = \frac{63}{20} , y = \frac{9}{5} , z = \frac{1}{20}$$

（答）　$x = \frac{63}{20} , y = \frac{9}{5} , z = \frac{1}{20}$

Q2：連立方程式の解き方は分かりましたが，具体的な回路の問題を例に解説してください．

〈例題２〉

　図のような回路で抵抗 R_3 を流れる電流の値〔A〕として，最も近いものを次のうちから選びなさい．

(1)　0.2　　(2)　0.4　　(3)　0.6

(4)　0.8　　(5)　1

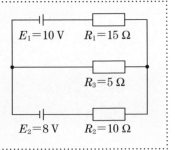

〈解き方１〉

　まず，各抵抗に流れる電流を**第1図**のように $I_1 \sim I_3$ としよう．これが未知数となるので，未知数の解は三つです．連立一次方程式を解くには，未知数の数と同じ数の方程式が必要となることに注意しよう．

　キルヒホッフの法則により回路方程式を立てると，閉回路①について電圧に関する式は，

$$E_1 = R_1 I_1 + R_3 I_3 \qquad ①$$

閉回路⑪について電圧に関する式は，

$$E_2 = R_2 I_2 + R_3 I_3 \qquad ②$$

次に，電流に関しては，

$$I_1 + I_2 = I_3 \qquad ③$$

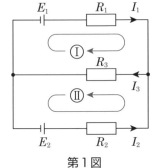

第1図

①～③式に与えられた数値を代入すると，

$$\begin{cases} 10 = 15I_1 + 5I_3 & ①' \\ 8 = 10I_2 + 5I_3 & ②' \\ I_1 + I_2 = I_3 & ③' \end{cases}$$

の三つの方程式が得られます．次に，これを解いてみよう．

まず，③′式の I_3 を①′式と②′式に代入すると，

$$10 = 15I_1 + 5(I_1 + I_2) = 20I_1 + 5I_2$$

$$\therefore \quad 10 = 20I_1 + 5I_2 \qquad ④$$

$$8 = 10I_2 + 5(I_1 + I_2) = 5I_1 + 15I_2$$

$$\therefore \quad 8 = 5I_1 + 15I_2 \qquad ⑤$$

④式 − ⑤式 × 4 を計算すると，

$$\begin{array}{r} 10 = 20I_1 + 5I_2 \\ -\underline{)\quad 32 = 20I_1 + 60I_2} \\ -22 = -55I_2 \end{array}$$

よって，

$$I_2 = \frac{22}{55} = 0.4\,\mathrm{A}$$

これを④式に代入して，

$$10 = 20I_1 + 5 \times 0.4 = 20I_1 + 2$$

よって，

$$I_1 = \frac{10 - 2}{20} = 0.4\,\mathrm{A}$$

以上より求める電流 I_3 は，

$$I_3 = I_1 + I_2 = 0.4 + 0.4 = 0.8\,\mathrm{A}$$

となり，(4)が正解となります．

〈解き方2〉

$I_3 = I_1 + I_2$ はすぐに分かるので，**第2図**のように電流を定めてみよう．この場合は未知数の数は I_1 と I_2 の二つであり，次のように①と⑪の回路について方程式を立てればよい．

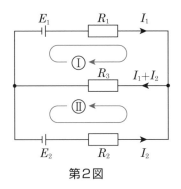

第2図

$$E_1 = R_1 I_1 + R_3(I_1+I_2) = (R_1+R_3)I_1 + R_3 I_2 \qquad \text{⑥}$$

$$\therefore \quad 10 = 20I_1 + 5I_2 \qquad \text{⑥}'$$

$$E_2 = R_2 I_2 + R_3(I_1+I_2) = R_3 I_1 + (R_2+R_3)I_2 \qquad \text{⑦}$$

$$\therefore \quad 8 = 5I_1 + 15I_2 \qquad \text{⑦}'$$

⑥′，⑦′式は④，⑤式と同じであり，同じ答が得られます．このように未知数はできるだけ少なくするほうが分かりやすくなります．

〔練習問題２〕　図の直流回路において，抵抗 R_2 に流れる電流の値〔A〕として，最も近いものを次のうちから選びなさい．

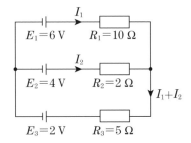

（参考）$\begin{cases} E_1 - E_3 = R_1 I_1 + R_3(I_1 + I_3) \\ E_2 - E_3 = R_2 I_2 + R_3(I_1 + I_3) \end{cases}$

(1)　0.125　　(2)　0.18　　(3)　0.225

(4)　0.275　　(5)　0.35

〔解き方〕

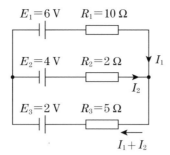

図のように I_1, I_2 を定めると，$E_1 \sim E_3$ の閉回路について，

$$E_1 - E_3 = R_1 I_1 + R_3 (I_1 + I_2)$$
$$= (R_1 + R_3) I_1 + R_3 I_2$$
$$\therefore \quad 4 = 15 I_1 + 5 I_2 \qquad\qquad ①$$

$E_2 \sim E_3$ の閉回路について，

$$E_2 - E_3 = R_2 I_2 + R_3 (I_1 + I_2)$$
$$= R_3 I_1 + (R_2 + R_3) I_2$$
$$\therefore \quad 2 = 5 I_1 + 7 I_2 \qquad\qquad ②$$

①式 − ②式 ×3 を計算して，

$$4 = 15 I_1 + 5 I_2$$
$$-)\quad 6 = 15 I_1 + 21 I_2$$
$$\overline{\quad -2 = -16 I_2 \quad}$$

$$\therefore \quad 2 = 16 I_2$$

$$I_2 = \frac{2}{16} = 0.125\ \text{A} \qquad\qquad （答）\ (1)$$

理解度チェック 問 題

【問題1】 図の回路で，$R_1 = 4\,\Omega$ の抵抗に流れる電流の値〔A〕として，最も近いものを次のうちから選びなさい．

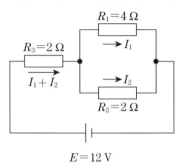

(参考) $\begin{cases} E = R_3\,(I_1 + I_2) + R_1 I_1 \\ E = R_3\,(I_1 + I_2) + R_2 I_2 \end{cases}$

(1) 1.2 (2) 1.8 (3) 2.4

(4) 2.8 (5) 3.2

【問題2】 図の回路で，$R_1 = 5\,\Omega$ の抵抗に流れる電流の値〔A〕として，最も近いものを次のうちから選びなさい．

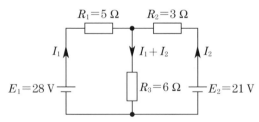

(参考) $\begin{cases} E_1 = R_1 I_1 + R_3\,(I_1 + I_2) \\ E_2 = R_2 I_2 + R_3\,(I_1 + I_2) \end{cases}$

(1) 1 (2) 1.5 (3) 2 (4) 2.5 (5) 3

【問題3】 図の回路で，$R_1 = 20\,\Omega$ の抵抗に流れる電流の値〔A〕として，
最も近いものを次のうちから選びなさい．

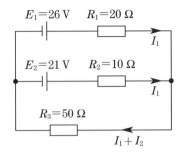

$$\text{(参考)} \begin{cases} E_1 = R_1 I_1 + R_3 (I_1 + I_2) \\ E_2 = R_2 I_2 + R_3 (I_1 + I_2) \end{cases}$$

(1)　0.1　　(2)　0.2　　(3)　0.3

(4)　0.4　　(5)　0.5

理解度チェック 解　答

【問題1】 （答） (1)

図1-1のように電流を定めると，$E \sim R_3 \sim R_1$ の閉回路について，

$$E = R_3 (I_1 + I_2) + R_1 I_1$$

$$\therefore \quad 12 = 2(I_1 + I_2) + 4I_1 = 6I_1 + 2I_2 \qquad \text{①}$$

$E \sim R_3 \sim R_2$ の閉回路について，

$$E = R_3 (I_1 + I_2) + R_2 I_2$$

$$\therefore \quad 12 = 2(I_1 + I_2) + 2I_2 = 2I_1 + 4I_2 \qquad \text{②}$$

①式×2−②式を計算して，

$$24 = 12I_1 + 4I_2$$

$$-) \quad 12 = 2I_1 + 4I_2$$

$$\overline{\qquad 12 = 10I_1 \qquad}$$

$$\therefore \quad I_1 = \frac{12}{10} = 1.2\ \text{A}$$

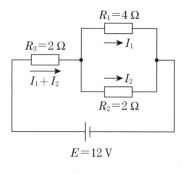

6

$R_1 = 4\ \Omega$

$R_3 = 2\ \Omega$

$\rightarrow I_1$

$\overrightarrow{I_1 + I_2}$

$\rightarrow I_2$

$R_2 = 2\ \Omega$

$E = 12\ \mathrm{V}$

図1−1

【問題2】 （答） (3)

$E_1 = R_1 I_1 + R_3(I_1 + I_2)$ に数値を代入して，

$$28 = 5I_1 + 6(I_1 + I_2) = 11I_1 + 6I_2 \qquad ①$$

$E_2 = R_2 I_2 + R_3(I_1 + I_2)$ に数値を代入して，

$$21 = 3I_2 + 6(I_1 + I_2) = 6I_1 + 9I_2 \qquad ②$$

①式×3−②式×2 を計算して I_2 を消去すると，

$$28 \times 3 = 33I_1 + 18I_2$$

$$-\Big)\quad 21 \times 2 = 12I_1 + 18I_2$$

$$84 - 42 = 21I_1$$

$$\therefore\quad I_1 = \frac{84 - 42}{21} = \frac{42}{21} = 2\ \mathrm{A}$$

【問題3】 （答） (3)

$E_1 = R_1 I_1 + R_3(I_1 + I_2)$ に数値を代入して，

$$26 = 20I_1 + 50(I_1 + I_2) = 70I_1 + 50I_2 \qquad ①$$

$E_2 = R_2 I_2 + R_3(I_1 + I_2)$ に数値を代入して，

$$21 = 10I_2 + 50(I_1 + I_2) = 50I_1 + 60I_2 \qquad ②$$

①式×6−②式×5 を計算して I_2 を消去すると，

$$26 \times 6 = 420I_1 + 300I_2$$

$$-\Big)\quad 21 \times 5 = 250I_1 + 300I_2$$

$$26 \times 6 - 12 \times 5 = (420 - 250)I_1$$

$$\therefore\quad I_1 = \frac{156 - 105}{170} = \frac{51}{170} = 0.3\ \mathrm{A}$$

7 二 次 方 程 式

Q1：二次方程式の解の一般公式は，どんな
公式ですか．

次のように表される方程式を二次方程式といいます．
$$ax^2+bx+c=0 \qquad ①$$
$(a,\ b,\ c$ は定数，ただし，$a \neq 0)$

この式の解は次式になります．これを二次方程式の解の一般公式と呼
びます．

$$x = \frac{-b \pm \sqrt{b^2-4ac}}{2a} \qquad ②$$

では，②式がどのように導かれるかを考えてみよう．

まず，①式の両辺を a で割ると，

$$x^2 + \frac{b}{a}x + \frac{c}{a} = 0$$

左辺を変形して，

$$\left(x+\frac{b}{2a}\right)^2 - \frac{b^2}{4a^2} + \frac{c}{a} = 0 \qquad ③$$

$$\left(x+\frac{b}{2a}\right)^2 = \frac{b^2}{4a^2} - \frac{c}{a}$$

$$= \frac{b^2-4ac}{4a^2}$$

$$x+\frac{b}{2a} = \pm\sqrt{\frac{b^2-4ac}{4a^2}}$$

$$= \frac{\pm\sqrt{b^2-4ac}}{2a}$$

以上より，

③式は，

$$\left(x+\frac{b}{2a}\right)^2$$

の形にすると，

$$x^2 + \frac{b}{a}x + \left(\frac{b}{2a}\right)^2$$

になるので，これから

$\left(\frac{b}{2a}\right)^2 = \frac{b^2}{4a^2}$ を引けば，

$$x^2 + \frac{b}{a}x$$

になると考えると分かりや
すい．

$$x = -\frac{b}{2a} \pm \frac{\sqrt{b^2-4ac}}{2a} = \frac{-b \pm \sqrt{b^2-4ac}}{2a}$$

このようにして公式が導き出されます．②式は必ず暗記しておこう．

では，②式を使って次の二次方程式の解を求めてみよう．

$$x^2 - 4x + 3 = 0 \qquad\qquad ④$$

④式の例では，$a = 1$，$b = -4$，$c = 3$ であるから，

$$x = \frac{-(-4) \pm \sqrt{(-4)^2 - 4 \times 1 \times 3}}{2 \times 1}$$

$$= \frac{4 \pm \sqrt{16-12}}{2}$$

$$= \frac{4 \pm \sqrt{4}}{2} = \frac{4 \pm 2}{2}$$

よって，

$$x = \frac{4+2}{2} = \frac{6}{2} = 3 \ \text{または} \ x = \frac{4-2}{2} = \frac{2}{2} = 1$$

となります．

〔練習問題1〕　次の二次方程式を，解の一般公式を使って解きなさい．

(1)　$x^2 - 2x - 1 = 0$　　　(2)　$x^2 - 12x + 36 = 0$

(3)　$x^2 - 8x - 7 = 0$　　　(4)　$2x^2 + x - 3 = 0$

〔解き方〕

(1)　$x = \dfrac{-(-2) \pm \sqrt{(-2)^2 - 4 \times 1 \times (-1)}}{2 \times 1} = \dfrac{2 \pm \sqrt{4+4}}{2} = \dfrac{2 \pm \sqrt{8}}{2}$

$$= \frac{2 \pm 2\sqrt{2}}{2} = 1 \pm \sqrt{2}$$

(2)　$x = \dfrac{-(-12) \pm \sqrt{(-12)^2 - 4 \times 1 \times 36}}{2 \times 1} = \dfrac{12 \pm \sqrt{144 - 144}}{2}$

$$= \frac{12 \pm 0}{2} = 6$$

〔注〕　$b^2 - 4ac = 0$ のときは解が一つとなります．このような解を
重複解（ちょうふくかい）といいます．

(3)　$x = \dfrac{-(-8) \pm \sqrt{(-8)^2 - 4 \times 1 \times (-7)}}{2 \times 1} = \dfrac{8 \pm \sqrt{64 + 4 \times 7}}{2}$

$= \dfrac{8 \pm \sqrt{92}}{2} = \dfrac{8 \pm \sqrt{4 \times 23}}{2} = \dfrac{8 \pm 2\sqrt{23}}{2} = 4 \pm \sqrt{23}$

(4)　$x = \dfrac{-1 \pm \sqrt{1^2 - 4 \times 2 \times (-3)}}{2 \times 2} = \dfrac{-1 \pm \sqrt{1 + 24}}{4}$

$= \dfrac{-1 \pm \sqrt{25}}{4} = \dfrac{-1 \pm 5}{4}$

$x = \dfrac{4}{4} = 1$ または $x = -\dfrac{6}{4} = -\dfrac{3}{2}$

Q2：二次方程式の解の一般公式を使って解く具体的問題について説明してください.

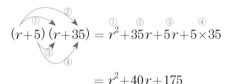　第1図のブリッジ回路について，ブリッジが平衡するときの抵抗 r 〔Ω〕の値を求めてみよう.

ブリッジの平衡条件は，第4節で学習したように，相対する辺の抵抗の積が等しいことですから，

$$(r+5)(r+35) = 20 \times 20 \qquad ⑤$$

ここで，⑤式の左辺を展開すると，

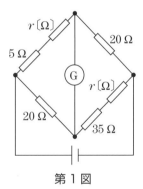

第 1 図

$$(r+5)(r+35) = r^2 + 35r + 5r + 5 \times 35$$

$$= r^2 + 40r + 175$$

となるので，⑤式を書き直すと，

$$r^2 + 40r + 175 = 400$$

$$r^2 + 40r + 175 - 400 = 0$$

$$r^2 + 40r - 225 = 0 \qquad ⑥$$

このように⑥式の二次方程式が得られます．したがって，r の値を解の一般公式を使って求めると，

$$r = \frac{-40 \pm \sqrt{40^2 - 4 \times 1 \times (-225)}}{2} = \frac{-40 \pm \sqrt{1\,600 + 900}}{2}$$

$$= \frac{-40 \pm \sqrt{2\,500}}{2} = \frac{-40 \pm 50}{2}$$

これから $r = \dfrac{-40 + 50}{2} = 5\,\Omega$ ，$r = \dfrac{-40 - 50}{2} = -45\,\Omega$ となりますが，$r > 0$ でなければならないので，$r = 5\,\Omega$ が求める値となります．

■式の展開

かっこをはずす計算が式の展開で，次の分配法則を用いて計算します．

$$a(b+c) = ab + ac$$
$$(b+c)a = ba + ca$$

例えば，$2a(b+2c)$ については $A = 2a$，$B = b$，$C = 2c$ と考え，分配法則を使って次のように展開することができます．

$$A(B+C) = AB + AC$$
$$\qquad\quad = 2a \times b + 2a \times 2c$$
$$\qquad\quad = 2ab + 4ac$$

また，$(a+b)(c+d)$ については，$A = a+b$ と考え，

$$A(c+d) = Ac + Ad = (a+b)c + (a+b)d$$
$$\qquad\quad = ac + bc + ad + bd$$

と展開することができます．

■展開の重要公式

式の展開は先に述べたように分配法則を使って計算できますが，次に示す公式は覚えておくことが望ましい．

(1)　和と差の平方

$$(a+b)^2 = a^2 + 2ab + b^2$$

$$(a-b)^2 = a^2 - 2ab + b^2$$

(2)　和と差の積

$$(a+b)(a-b) = a^2 - b^2$$

(3)　二つの一次式の積

$$(x+a)(x+b) = x^2 + (a+b)x + ab$$

■不等号

数や式の大小を表す記号を不等号といい，次のように用います．

$$
\begin{cases}
A > B & \cdots\cdots \quad A は B よりも大きい． \\
A \geqq B & \cdots\cdots \quad A は B と等しいか，または B よりも大きい． \\
A < B & \cdots\cdots \quad A は B よりも小さい． \\
A \leqq B & \cdots\cdots \quad A は B と等しいか，または B よりも小さい．
\end{cases}
$$

Q3：解の一般公式を使う以外の，いろいろな二次方程式の解き方について説明してください．

二次方程式の解の一般公式は，すべての場合に使うことができますが，次のような場合は，別の方法で簡単に解が得られます．

(1)　$ax^2 = b$ の場合

$x^2 = \dfrac{b}{a}$ より，

$x = \pm\sqrt{\dfrac{b}{a}}$

(2) **$(x+a)^2 = b$ の場合**

$x + a = \pm\sqrt{b}$ より，

$x = -a \pm \sqrt{b}$

(3) **$(x-a)(x-b) = 0$ の場合**

$(x-a)(x-b) = 0$ のように因数分解できるときは，$x = a$ または b が解となります．

〔練習問題２〕　次の二次方程式を解きなさい．

(1)　$2x^2 = 32$　　(2)　$(x-2)^2 = 4$　　(3)　$(x+2)^2 = 9$

(4)　$(x-2)(x-3) = 0$　　(5)　$x^2 - 2x + 1 = 0$

〔解き方〕

(1)　$2x^2 = 32$, $x^2 = 16$, $x = \pm\sqrt{16} = \pm4$

(2)　$x - 2 = \pm\sqrt{4} = \pm2$, $x = 2 \pm 2$, $x = 4$ または $x = 0$

(3)　$x + 2 = \pm\sqrt{9} = \pm3$, $x = -2 \pm 3$, $x = 1$ または $x = -5$

(4)　$x = 2$ または $x = 3$

(5)　$x^2 - 2x + 1 = (x-1)^2 = 0$, $x = 1$ （重複解）

■因数分解とは

簡単にいうと，因数分解とは式の展開とは逆の操作をすることです．

例えば，$(x-3)(x+3)$ という式を展開すると $x^2 - 9$ となりますが，これを逆にし，$x^2 - 9$ は $(x-3)(x+3)$ に因数分解されるといいます．

$$(x-3)(x+3) \quad \xrightarrow[\text{因数分解}]{\text{展開}} \quad x^2 - 9$$

したがって，前述の展開公式がそのまま因数分解の基本公式となります．

$$\begin{cases} ma + mb = m(a+b) \\ ma - mb = m(a-b) \\ a^2 + 2ab + b^2 = (a+b)^2 \\ a^2 - 2ab + b^2 = (a-b)^2 \\ a^2 - b^2 = (a+b)(a-b) \\ x^2 + (a+b)x + ab = (x+a)(x+b) \end{cases}$$

理解度チェック　問　題

【問題1】 図の回路で，抵抗 R で消費する電力 P は，$P = RI^2$ で表されます．回路に流れる電流の大きさ I を表す式として，正しいものを次のうちから選びなさい．

(1) $\sqrt{\dfrac{P}{R}}$　(2) $\sqrt{PR}$　(3) $\dfrac{P}{R}$

(4) $\dfrac{1}{\sqrt{PR}}$　(5) $\sqrt{\dfrac{R}{P}}$

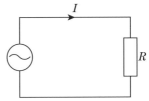

【問題2】 図の回路の力率は，

$$\cos\theta = \frac{R}{\sqrt{R^2 + X_{\mathrm{L}}^2}}$$

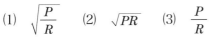

で計算されます．$X_{\mathrm{L}} = 40\ \Omega$ で $\cos\theta = 0.6$ となる抵抗 R の値〔Ω〕として，最も近いものを次のうちから選びなさい．

(1)　10　　(2)　30　　(3)　150　　(4)　300　　(5)　450

【問題3】 図の回路で，スイッチ S を閉じたときの消費電力を P_1，スイッチ S を開いたときの消費電力を P_2 とすると，$P_2/P_1 = 0.5$ となった．抵抗 r の値〔Ω〕として，最も近いものを次のうちから選びなさい．

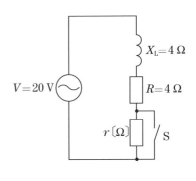

(参考)
$$\begin{cases} P_1 = R\left(\dfrac{V}{\sqrt{R^2 + X_{\mathrm{L}}^2}}\right)^2 \\[3mm] P_2 = (R+r)\left(\dfrac{V}{\sqrt{(R+r)^2 + X_{\mathrm{L}}^2}}\right)^2 \end{cases}$$

(1)　5　　　(2)　7　　　(3)　9　　　(4)　11　　　(5)　13

理解度チェック 解答

【問題1】 （答） (1)

$P = RI^2$ より，

$$I^2 = \frac{P}{R}, \quad I = \pm\sqrt{\frac{P}{R}}$$

ここで，$I > 0$ であるから，

$$I = \sqrt{\frac{P}{R}}$$

【問題2】 （答） (2)

$$\cos\theta = \frac{R}{\sqrt{R^2 + 40^2}} = 0.6 \qquad\qquad ①$$

①式の第2辺，第3辺を2乗して，

$$\left(\frac{R}{\sqrt{R^2 + 40^2}}\right)^2 = 0.6^2$$

$$\frac{R^2}{R^2 + 40^2} = 0.36$$

$$R^2 = 0.36\,(R^2 + 40^2)$$

$$R^2 - 0.36R^2 = 0.36 \times 40^2$$

$$0.64R^2 = 576$$

$$R^2 = 900$$

$$\therefore \quad R = \pm\sqrt{900} = \pm 30$$

ここで，$R > 0$ であるから，

$$R = 30\ \Omega$$

【問題3】 （答） (4)

(a) スイッチ S が閉のとき，$r\,(\Omega)$ の抵抗には電流が流れないので，$r\,(\Omega)$ は無視してよい．

$$Z_1 = \sqrt{R^2 + X_L{}^2} = \sqrt{4^2 + 4^2} = \sqrt{32}\ \Omega$$

$$P_1 = RI_1{}^2 = R\left(\frac{V}{Z_1}\right)^2 = 4 \times \left(\frac{20}{\sqrt{32}}\right)^2$$

$$= 4 \times \frac{400}{32} = 50 \text{ W}$$

(b)　スイッチ S が開のとき,

$$Z_2 = \sqrt{(R+r)^2 + X_L^2} = \sqrt{(4+r)^2 + 4^2} \ \ \Omega$$

$$P_2 = (R+r)I_2{}^2 = (4+r)\left(\frac{20}{\sqrt{(4+r)^2 + 4^2}}\right)^2$$

$$= (4+r)\frac{400}{(4+r)^2 + 4^2}$$

(c)　$P_2 = 0.5P_1$ より,

$$P_2 = \frac{400(4+r)}{(4+r)^2 + 4^2} = 50 \times 0.5 = 25 \text{ W}$$

$$400(4+r) = 25\{(4+r)^2 + 4^2\}$$

両辺を 25 で割ると,

$$16(4+r) = (4+r)^2 + 4^2$$

$$64 + 16r = r^2 + 8r + 16 + 16 \hspace{3cm} ①$$

①式を整理すると,

$$r^2 + 8r + 32 - 16r - 64 = 0$$

$$r^2 - 8r - 32 = 0 \hspace{4cm} ②$$

②式より,

$$r = \frac{-(-8) \pm \sqrt{(-8)^2 - 4 \times 1 \times (-32)}}{2} = \frac{8 \pm \sqrt{64 + 128}}{2} = \frac{8 \pm \sqrt{192}}{2}$$

$r > 0$ より, $8 - \sqrt{192}$ は負となるので, 求める値は,

$$r = \frac{8 + \sqrt{192}}{2} = \frac{8 + \sqrt{64 \times 3}}{2} = \frac{8 + 8\sqrt{3}}{2} = 4 + 4\sqrt{3} = 10.9 \ \Omega$$

8 角度と三角比

Q1：角度の表し方の"度"と"ラジアン"の関係について教えてください．また，立体角とは何ですか．

　　　　　角度の表し方は**第1図**のように，1直角を90度とする60分法が一般的ですが，電気工学では弧度法で角度を表すことも多くあります．

弧度法では，角度 θ は**第2図**のように長さ r の径の先端が動く長さ（これを弧の長さといいます）l を使い，

$$\theta = \frac{l}{r} \,〔\text{rad}〕（ラジアン）$$

で表されます．

　したがって，弧度法で1直角を表すと，半径 r の円周の長さが $2\pi r$ ですから，1直角の弧の長さは**第3図**のように $2\pi r \times \frac{1}{4}$ となり，

$$1直角（90°）= \frac{l}{r} = \frac{2\pi r \times \dfrac{1}{4}}{r} = \frac{\pi}{2} 〔\text{rad}〕$$

となります．

　"度"と"ラジアン"の換算は，この関係 $90° = \dfrac{\pi}{2}$〔rad〕や $180° = \pi$〔rad〕などを覚えておき，比例計算します．例えば，60°をラジアンで表すときには，

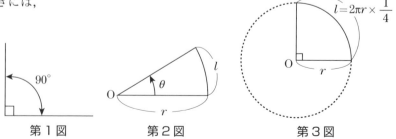

第1図　　　　　　　第2図　　　　　　　　第3図

$$\theta = \frac{\pi}{2} \times \frac{60°}{90°} = \frac{\pi}{2} \times \frac{2}{3} = \frac{\pi}{3} \text{ (rad)}$$

または,

$$\theta = \pi \times \frac{60°}{180°} = \pi \times \frac{1}{3} = \frac{\pi}{3} \text{ (rad)}$$

のように換算します.

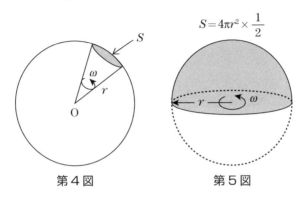

第4図　　　　　　　　第5図

また, 立体角とは, 空間的広がりの度合を示すもので, **第4図**で,

　　立体角　$\omega = \dfrac{S}{r^2}$ 〔sr〕（ステラジアン）

で表されます.

　ここで, r：球体の半径, S：中心 O からラッパ状に広がる錐体が半径 r の球から切りとる表面積です.

　例えば, **第5図**のような半球の空間的広がりは, 球の表面積が $4\pi r^2$ で, 半球の表面積はこの半分となるので,

$$\omega = \frac{4\pi r^2 \times \dfrac{1}{2}}{r^2} = 2\pi \text{ (sr)}$$

となります.

　この立体角は「機械」で学習する照明計算で出てくるので, 弧度法と併せて覚えておくことが必要です.

Q2：角度のプラス，マイナスの付け方や 360°を超える角度についても説明してください．

(1) 角度のプラス，マイナス

第6図に示すように，基準線 OA に対し，∠AOB のように時計と反対方向に回って測った角度はプラス，この逆に，∠AOB′ のように時計と同じ方向に回って測った角度については，マイナス符号を付けます．

したがって，第7図のように，OA に対して $+60°$ の角度は OB 方向となり，$-60°$ の角度は OB′ 方向となります．

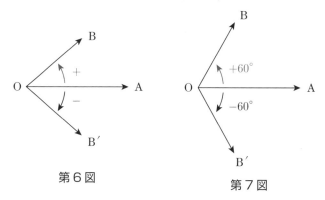

第6図   第7図

(2) 360°を超える角度

次に ∠AOB が θ である場合，OB が第8図のように 360°回転しても，また，$-360°$ 回転しても同じ位置に戻ってきます．

もう少し詳しくいうと，$360° \times N$（$N = 0$, ± 1, ± 2, ……）回転しても同じ角度となります．したがって，角度 θ と $\theta + 360° \times N$（N：整数）は同じ角度となります．

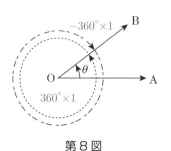

第8図

この逆に，360°を超える角度は360°の整数倍を引いた角度に等しくなります．例えば810°は，

$$810° = 810° - 360° \times 2 = 810° - 720° = 90°$$

のような計算ができます．

〔練習問題1〕

(1) 次の60分法で表された角度を弧度法で表しなさい．

① 45°　　② 60°　　③ 180°　　④ 360°

(2) 球の全表面の立体角はいくらですか．

(3) 60°と異なる角度は次のうちどれですか．

① −300°　② 420°　　③ 780°　　④ −240°　　⑤ −660°

〔解き方〕

(1)

① $45° = \dfrac{\pi}{2} \times \dfrac{45°}{90°} = \dfrac{\pi}{2} \times \dfrac{1}{2} = \dfrac{\pi}{4}$ 〔rad〕

② $60° = \dfrac{\pi}{2} \times \dfrac{60°}{90°} = \dfrac{\pi}{2} \times \dfrac{2}{3} = \dfrac{\pi}{3}$ 〔rad〕

③ $180° = \dfrac{\pi}{2} \times \dfrac{180°}{90°} = \dfrac{\pi}{2} \times \dfrac{2}{1} = \pi$ 〔rad〕

④ $360° = \dfrac{\pi}{2} \times \dfrac{360°}{90°} = \dfrac{\pi}{2} \times \dfrac{4}{1} = 2\pi$ 〔rad〕

(2) $\omega = \dfrac{4\pi r^2}{r^2} = 4\pi$ 〔sr〕

(3)

① $-300° = -300° + 360° = 60°$

② $420° = 420° - 360° = 60°$

③ $780° = 780° - 360° \times 2 = 60°$

④ $-240° = -240° + 360° = 120°$

⑤ $-660° = -660° + 360° \times 2 = 60°$

（答）　④

Q3：三角比について分かりやすく教えてください.

　　　三角比とは，**第9図**のような直角三角形の三つの辺の長さ a，b，c の比と角度 θ（シータ）の関係を表すもので，電験3種では次の三つについて覚えておくことが必要です.

① $\sin \theta = \dfrac{b}{a}$
（サイン・シータ）

② $\cos \theta = \dfrac{c}{a}$
（コサイン・シータ）

③ $\tan \theta = \dfrac{b}{c}$
（タンジェント・シータ）

a（斜辺）　b（対辺）　θ　c（底辺）

第9図

　直角三角形の大きさが変わると a，b，c の長さも変化しますが，長さの比は変わりません．したがって，θ の値が定まると，$\sin\theta$，$\cos\theta$，$\tan\theta$ の値も定まります．

───〈三角比の覚え方〉───

　下記のようにアルファベットの最初の文字の筆記体の筆順に該当する辺の長さを分母→分子の順に並べるとよい.

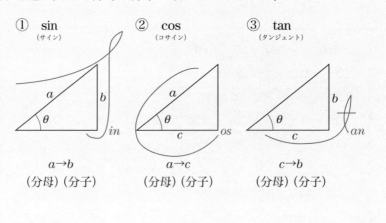

① sin
（サイン）

② cos
（コサイン）

③ tan
（タンジェント）

$a \to b$
（分母）（分子）

$a \to c$
（分母）（分子）

$c \to b$
（分母）（分子）

では，第10図の代表的直角三角形を用いて具体的に三角比を計算してみよう．

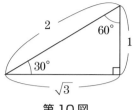

第10図

① $\sin 30° = \dfrac{1}{2}$

② $\cos 30° = \dfrac{\sqrt{3}}{2}$

③ $\tan 30° = \dfrac{1}{\sqrt{3}}$

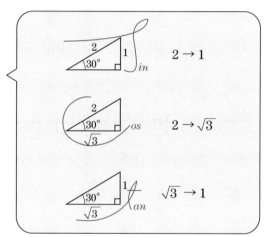

$2 \rightarrow 1$

$2 \rightarrow \sqrt{3}$

$\sqrt{3} \rightarrow 1$

④ $\sin 60° = \dfrac{\sqrt{3}}{2}$

⑤ $\cos 60° = \dfrac{1}{2}$

⑥ $\tan 60° = \sqrt{3}$

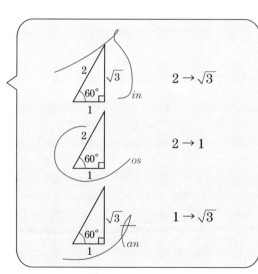

$2 \rightarrow \sqrt{3}$

$2 \rightarrow 1$

$1 \rightarrow \sqrt{3}$

8

〔練習問題2〕 図の直角三角形について，次の三角比を計算しなさい.

① sin 45°

② cos 45°

③ tan 45°

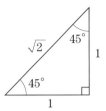

〔解き方〕

① $\sin 45° = \dfrac{1}{\sqrt{2}}$

② $\cos 45° = \dfrac{1}{\sqrt{2}}$

③ $\tan 45° = 1$

理解度チェック 問 題

【問題1】 図の直角三角形の $a \sim d$ の長さを求めなさい

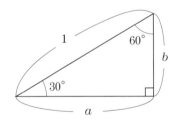

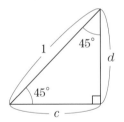

【問題2】 (a) 交流回路の有効電力を P〔kW〕，無効電力を Q〔kvar〕，皮相電力を S〔kV·A〕とすれば，これらの大きさは図のような S を斜辺とする直角三角形で表される関係にある.

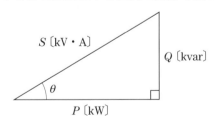

(b)　この直角三角形について，力率（小数）は $\cos\theta$ で計算され，次式となる．

$$\cos\theta = \frac{P}{S}$$

(c)　直角三角形の辺の長さについては，三平方の定理（ピタゴラスの定理）により，

$$S^2 = P^2 + Q^2$$

の関係がある．

次の問に答えなさい．

(1)　力率 0.8 の回路で皮相電力が $S = 100$ kV·A のとき消費電力 P〔kW〕はいくらか．

(2)　このとき，無効電力 Q〔kvar〕はいくらか．

■三平方の定理
　図のように，斜辺の長さが a，直角を挟む2辺の長さが b，c の直角三角形には，

$$a^2 = b^2 + c^2$$

の関係があります．これを三平方の定理またはピタゴラスの定理と呼んでいます．

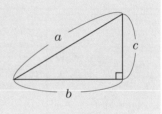

【問題3】　a図で表される負荷の抵抗 R〔Ω〕，誘導リアクタンス X_L〔Ω〕，インピーダンス Z〔Ω〕は b図の直角三角形で表される関係になる．また，力率（小数）は $\cos\theta = \dfrac{R}{Z}$ で求められる．

R〔Ω〕　　X_L〔Ω〕

a図

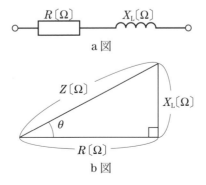

b図

図1～図3の負荷について，インピーダンスおよび力率（小数）を求めなさい．

$$10\,\Omega \qquad 10\,\Omega \qquad 10\sqrt{3}\,\Omega \qquad 10\,\Omega \qquad 8\,\Omega \qquad 6\,\Omega$$

図1 図2 図3

理解度チェック 解 答

【問題1】 $\quad a = \dfrac{\sqrt{3}}{2} \qquad b = \dfrac{1}{2} \qquad c = \dfrac{1}{\sqrt{2}} \qquad d = \dfrac{1}{\sqrt{2}}$

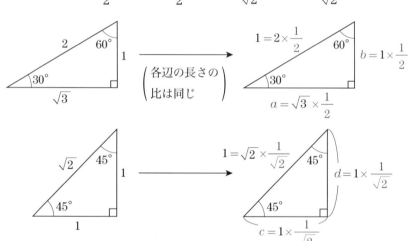

【問題2】

(1) $\quad \cos\theta = \dfrac{P}{S}$ より，

$P = \cos\theta \times S = 0.8 \times 100 = 80$ kW

(2) $S^2 = P^2 + Q^2$ より，

$Q^2 = S^2 - P^2$

$Q = \sqrt{S^2 - P^2} = \sqrt{100^2 - 80^2} = \sqrt{3\ 600} = 60$ kvar

【問題3】

(1) 図1

$Z = \sqrt{10^2 + 10^2} = \sqrt{200} = 10\sqrt{2} = 14.14\ \Omega$

$$\cos\theta = \frac{R}{Z} = \frac{10}{14.14} = 0.7072$$

(2) 図2

$$Z = \sqrt{\left(10\sqrt{3}\right)^2 + 10^2} = \sqrt{100 \times 3 + 100} = \sqrt{400} = 20\,\Omega$$

$$\cos\theta = \frac{10\sqrt{3}}{20} = 0.866$$

(3) 図3

$$Z = \sqrt{8^2 + 6^2} = \sqrt{64 + 36} = \sqrt{100} = 10\,\Omega$$

$$\cos\theta = \frac{8}{10} = 0.8$$

8

9 三角関数のグラフ

第1図のように大きさ1の径 OP を考え，それが x，y 座標上で中心 O の周りを回転することを考えてみよう．

いま，P 点から x 軸におろした垂線と x 軸との交点の位置を a とすると，

$$\cos\theta = \frac{a}{1} = a$$

となり，x 座標の a の値が $\cos\theta$ を示すことになります．この考え方により，θ を $0°$ から正方向に変化させたときの a の値をグラフに描くと，第2図の1から -1 の間を変化するグラフが得られます．

これが $\cos\theta$ のグラフであり，θ が $90°$ を超え，$270°$ までの間では負の値となります．

次に，第1図でP点から y 軸におろした垂線と y 軸との交点の位置を b とすると，

$$\sin\theta = \frac{b}{1} = b$$

となり，y 座標の b の値が $\sin\theta$ を示します．

この考え方により，θ を $0°$ から正方向に変化させたときの b の値をグラフに描くと，第3図の $y = 0$ から始まり，1と -1

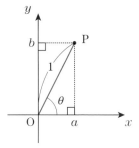

第1図

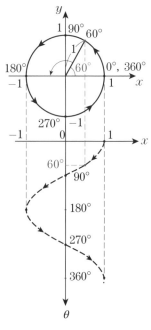

第2図

の値を変化するグラフが得られます. これが $\sin\theta$ のグラフで, θ が $180°$ を超え, $360°$ までの間では負の値となります.

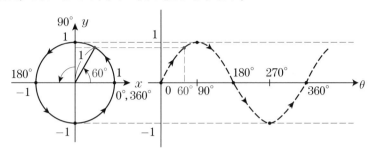

第3図

なお, $\tan\theta$ のグラフはここでは省略しますが, $\cos$ と $\sin$ の値が分かれば,

$$\tan\theta = \frac{\sin\theta}{\cos\theta}$$

の関係から計算することができます.

9

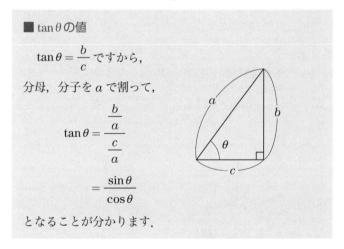

■ $\tan\theta$ の値

$\tan\theta = \dfrac{b}{c}$ ですから,

分母, 分子を a で割って,

$$\tan\theta = \frac{\dfrac{b}{a}}{\dfrac{c}{a}}$$

$$= \frac{\sin\theta}{\cos\theta}$$

となることが分かります.

cos 120°, sin 120°, tan 120° の求め方を例にとって説明してみよう.

まず, 大きさ 1 の径 $\overline{OP}$ を x, y 座標上で 120° の方向に描くと**第4図**となり, x 座標の a 点の値が cos θ に, y 座標の b 点の値が sin θ となると考えます.

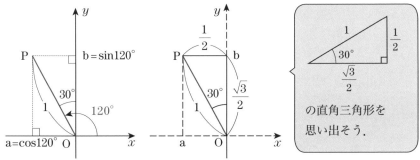

第4図　　　　　第5図

ここで, △OPb は**第5図**の直角三角形となるので,

$$\frac{\overline{Pb}}{\overline{OP}} = \frac{\overline{Pb}}{1} = \sin 30° = \frac{1}{2}$$

したがって, $\overline{Oa}$ の大きさは $\frac{1}{2}$ となりますが, a 点の座標はマイナスですから,

$$\cos 120° = -\frac{1}{2} \qquad\qquad ①$$

となります. 次に, b 点の座標は,

$$\frac{\overline{Ob}}{\overline{OP}} = \frac{\overline{Ob}}{1} = \cos 30° = \frac{\sqrt{3}}{2}$$

から, $\overline{Ob}$ の大きさは $\frac{\sqrt{3}}{2}$ で, b 点の座標はプラスですから,

$$\sin 120° = \frac{\sqrt{3}}{2} \qquad\qquad\qquad ②$$

となります.

tan 120° は，①，②式を使って次のように求まります.

$$\tan 120° = \frac{\sin 120°}{\cos 120°} = \frac{\dfrac{\sqrt{3}}{2}}{-\dfrac{1}{2}} = -\sqrt{3}$$

〔練習問題1〕　次の三角形の値を求めなさい.

(1)　$\cos\dfrac{\pi}{6}$　　　(2)　$\sin 210°$　　　(3)　$\cos(-45°)$

(4)　$\cos\dfrac{2}{3}\pi$　　　(5)　$\sin\dfrac{2}{3}\pi$　　　(6)　$\sin\dfrac{4}{3}\pi$

〔解き方〕

(1)　$\cos\dfrac{\pi}{6} = \dfrac{\sqrt{3}}{2}$　　　　　(2)　$\sin 210° = -\dfrac{1}{2}$

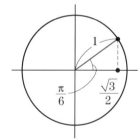 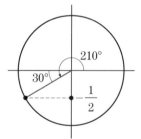

(3)　$\cos(-45°) = \dfrac{1}{\sqrt{2}}$　　　(4)　$\cos\dfrac{2}{3}\pi = \cos 120° = -\dfrac{1}{2}$

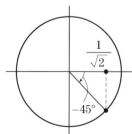 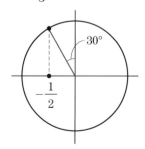

9

(5) $\sin\dfrac{2}{3}\pi = \sin 120° = \dfrac{\sqrt{3}}{2}$ (6) $\sin\dfrac{4}{3}\pi = \sin 240° = -\dfrac{\sqrt{3}}{2}$

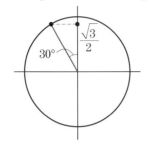
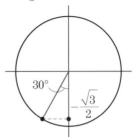

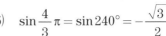

Q3：「理論」では，交流の波形を $e = \sqrt{2}\,E\sin(\omega t \pm \theta)$ のように表します が，この式の波形はどのようなグラフに なるか，分かりやすく説明してください．

 まず，

$$e = \sqrt{2}\,E\sin\omega t \qquad\qquad ③$$

の波形について説明します．

(1) sin（サイン）は ±1 の間で変 化するので，第6図のように e は $\pm\sqrt{2}\,E$ の間で変化し，$\sqrt{2}\,E$ を波形 の最大値または波高値と呼んでいま す．

一般に交流の電圧・電流の大きさ は実効値で呼んでいます．これは， 実効値を使ったほうが消費電力や消 費電力量などを計算するのに便利な ためです．

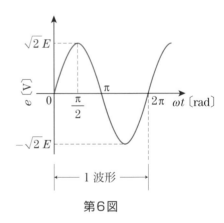

第6図

実効値は最大値を $1/\sqrt{2}$ で割った値で，③式の E が実効値になります．

したがって，家庭の電圧の 100 V は実効値 $E = 100$ V のことであり， その波形の最大値は $100\sqrt{2} = 141.4$ V になります．

(2)　t は時間で，単位は s(秒)です．

(3)　ω は角周波数で，単位は rad/s です．この単位から分かるように，ω は1秒間に進む角度〔rad〕を表しています．

したがって，ωt が t 秒後の角度〔rad〕になります．

sin(サイン)の1波形の角度は 2π〔rad〕($=360°$)ですから，周波数が f〔Hz〕の場合は，1秒間に $\omega = 2\pi \times f$〔rad〕進むことになります．

したがって，

$$\omega = 2\pi f \ \text{〔rad/s〕} \qquad\qquad\qquad ④$$

と表されます．

〔練習問題1〕　周波数が 50 Hz で $e = 100\sqrt{2}\,\sin\omega t$〔V〕で表される電圧波形があります．$t_1 = 5/3$ ms のときの電圧 e_1，$t_2 = 10/3$ ms のときの電圧 e_2 の値〔V〕はそれぞれいくらになりますか．正しい組み合わせを次のうちから選びなさい．

(1)　$e_1 = 71$　　$e_2 = 86.6$　　(2)　$e_1 = 71$　　$e_2 = 100$

(3)　$e_1 = 71$　　$e_2 = 123$　　(4)　$e_1 = 86.6$　　$e_2 = 123$

(5)　$e_1 = 86.6$　　$e_2 = 141$

〔解き方〕

$$e = 100\sqrt{2}\,\sin\omega t = 100\sqrt{2}\,\sin 2\pi ft = 100\sqrt{2}\,\sin 100\pi t \ \text{〔V〕}$$

グラフに示すと，次図のようになる．

(1)　$t = \dfrac{5}{3}\,\text{ms} = \dfrac{5}{3}\times 10^{-3}\,\text{s}$ を代入すると，

$$e_1 = 100\sqrt{2}\,\sin\left(100\pi \times \dfrac{5}{3}\times 10^{-3}\right)$$

$$= 100\sqrt{2}\,\sin\dfrac{0.5\pi}{3} = 100\sqrt{2}\,\sin\dfrac{\pi}{6}$$

$$= 100\sqrt{2}\,\sin 30° = 100\sqrt{2}\times\dfrac{1}{2}$$

$$= 50\sqrt{2} = 70.71\,\text{V}$$

(2)　$t = \dfrac{10}{3}\,\text{ms} = \dfrac{10}{3}\times 10^{-3}\,\text{s}$ を代入すると，

$$e_2 = 100\sqrt{2}\,\sin\left(100\pi \times \dfrac{10}{3}\times 10^{-3}\right)$$

$$= 100\sqrt{2}\,\sin\frac{\pi}{3} = 100\sqrt{2}\,\sin 60°$$

$$= 100\sqrt{2} \times \frac{\sqrt{3}}{2} = 100 \times \frac{\sqrt{6}}{2} = 122.5 \text{ V}$$

(答) (3)

■周波数

　図のように角度 $0 \sim 2\pi$〔rad〕 $(0°\sim360°)$ の波形を1波形とすると，1秒間に繰り返される波形の数を周波数といい，Hz（ヘルツ）の単位で表します．したがって，50 Hz の場合は1秒間に50個の波形が繰り返されます．

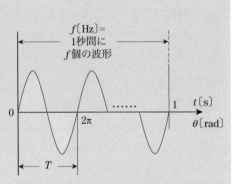

　また，1波形の時間 $T = \dfrac{1}{f}$〔s〕を周期と呼んでいます．例えば 50 Hz の周期は，$T = \dfrac{1}{50} = 0.02 \text{ s}$ となります．

(4)　次に，

$$e = \sqrt{2}\,E\sin(\omega t - \theta) \qquad\qquad ⑤$$

の波形について考えてみよう．

　⑤式は，$\omega t = \theta$ となる時間に $e = 0$ となります．また，周期は変わらないので，**第7図ⓐ**のように $e = \sqrt{2}\,E\sin\omega t$ の波形を ωt の正の方向に θ〔rad〕平行移動させた波形になります．

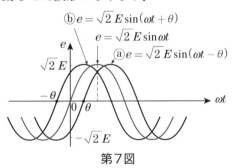

第7図

(5)　また,
$$e = \sqrt{2}\, E \sin(\omega t + \theta) \qquad\qquad\qquad ⑥$$
の波形について, ⑥式は, $\omega t = -\theta$ となる時間に $e = 0$ となるので, 第7図ⓑのように $e = \sqrt{2}\, E \sin \omega t$ の波形を t の負の方向に ωt〔rad〕平行移動させた波形になります.

Q4：交流回路では"波形が進んでいる"とか, "遅れている"とかいいますが, それはどんなことなのかグラフで説明してください.

$$\begin{cases} i_1 = I_{\mathrm{m}} \sin \omega t \text{〔A〕} \qquad\qquad\qquad ⑦ \\ i_2 = I_{\mathrm{m}} \sin\left(\omega t - \dfrac{\pi}{4}\right)\text{〔A〕} \qquad\qquad ⑧ \end{cases}$$

で表される二つの電流のグラフを描いてみよう.

まず, ⑦式の $i_1 = I_{\mathrm{m}} \sin \omega t$ については, $\omega t = \theta$ と考えれば, $\sin \theta$ と同じ波形のグラフとなることが分かります.

次に⑧式の $i_2 = I_{\mathrm{m}} \sin\left(\omega t - \dfrac{\pi}{4}\right)$ については, $\omega t = \dfrac{\pi}{4}$〔rad〕のとき, $i_2 = I_{\mathrm{m}} \sin 0 = 0$ となるので, i_1 のグラフを右に $\dfrac{\pi}{4}$ ずらしたグラフとなります.

以上のことをグラフに示すと, **第8図**のようになります.

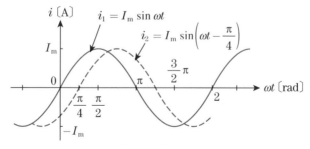

第8図

いま, i_1 を基準にして i_2 の波形をみると, i_2 は $\omega t = \dfrac{\pi}{4}$〔rad〕に相当

する時間がたった後に i_1 と同じ波形になることから,

$$i_2 は i_1 に比べて \frac{\pi}{4} \text{〔rad〕遅れている.}$$

と表現します.

　逆に, i_2 を基準にして i_1 の波形をみると, i_1 は i_2 より $\frac{\pi}{4}$ 〔rad〕に相当する時間以前に i_2 と同じ波形をしていることから,

$$i_1 は i_2 に比べて \frac{\pi}{4} \text{〔rad〕進んでいる.}$$

と表現することもできます.

〔練習問題２〕　次の式で表される電流 i_1 および i_2 のグラフを描きなさい. また, どちらの電流がどれだけ進んでいますか.

$$i_1 = 20 \sin \omega t \text{〔A〕}$$

$$i_1 = 20 \sin \left(\omega t + \frac{\pi}{3} \right) \text{〔A〕}$$

〔解き方〕　電流 i_2 の方が, 電流 i_1 よりも $\frac{\pi}{3}$ 進んでいる.
これより, グラフは次図のようになります.

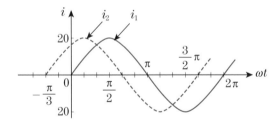

まず，sin（サイン）のグラフから見ていきましょう．第
9図のように@〜@点をとると，

(1)　@点と⑥点の関係から，
$$\sin(-\theta) = -\sin\theta \qquad ⑨$$

(2)　⑥点と©点の関係から，
$$\sin(\pi-\theta) = \sin\theta \qquad ⑩$$

(3)　⑥点と@点の関係から，
$$\sin(2\pi+\theta) = \sin\theta \qquad ⑪$$

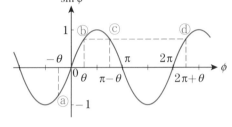

第9図

となることが理解できます．

　　次に，cos（コサイン）のグラフについても第10図のように@〜@点
をとると，

(4)　@点と⑥点の関係から
$$\cos(-\theta) = \cos\theta \qquad ⑫$$

(5)　⑥点と©点の関係から，
$$\cos(\pi-\theta) = -\cos\theta \qquad ⑬$$

(6)　⑥点と@点の関係から，
$$\cos(2\pi+\theta) = \cos\theta \qquad ⑭$$

第10図

となります．このように，三角
関数の基本的性質を示す⑨〜⑭式はグラフを描いて考えると分かりやす
い．

理解度チェック　問　題

【問題1】　図の回路で誘導リアクタンスおよび抵抗を流れる電流 i_1 お
　　　　　よび i_2 は次の式で表されます．

$$\begin{cases} i_1 = 10\sqrt{2}\,\sin\left(\omega t - \dfrac{\pi}{2}\right) \text{[A]} \\ i_2 = 10\sqrt{2}\,\sin\omega t \text{[A]} \end{cases}$$

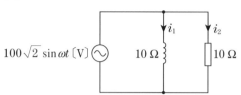

$100\sqrt{2}\,\sin\omega t$ [V] $\quad$ $10\,\Omega$ $\quad$ $10\,\Omega$

i_1 および i_2 のグラフを描きなさい．また，どちらの電流が
どれだけ遅れていますか．

【問題2】 次の式で表される周波数 $50\,\mathrm{Hz}$ の正弦波交流電圧の $t = 1.2\,\mathrm{s}$
における電圧の値として，最も近いものを次のうちから選びな
さい．

$$e = 100\sqrt{2}\,\sin\left(\omega t + \frac{\pi}{4}\right) \text{[V]}$$

(1) 0 $\qquad$ (2) 57.7 $\qquad$ (3) 81.6 $\qquad$ (4) 100 $\qquad$ (5) 141

【問題3】 ある交流回路の電圧と電流とが図のような正弦波で，電圧
$e = 200\sin\omega t$ [V] と表されるとき，電流 i [A] を表す式として，
正しいものを次のうちから選びなさい．

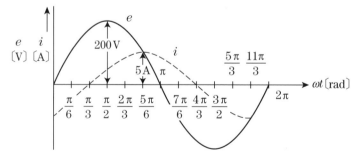

(1) $5\sin\omega t$ $\qquad$ (2) $5\sqrt{2}\,\sin\omega t$ $\qquad$ (3) $5\sin\left(\omega t + \dfrac{\pi}{3}\right)$

(4) $5\sin\left(\omega t - \dfrac{\pi}{3}\right)$ $\qquad$ (5) $5\sqrt{2}\,\sin\left(\omega t - \dfrac{\pi}{3}\right)$

【問題1】　i_1 の電流が，i_2 の電流より $\dfrac{\pi}{2}$ 遅れている．

グラフは次図のようになる．

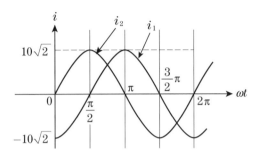

【問題2】　答　(4)

$$e = 100\sqrt{2}\,\sin\left(2\pi f t + \frac{\pi}{4}\right)$$

$$= 100\sqrt{2}\,\sin\left(2\pi \times 50 \times 1.2 + \frac{\pi}{4}\right)$$

$$= 100\sqrt{2}\,\sin\left(120\pi + \frac{\pi}{4}\right)$$

ここで，$120\pi + \dfrac{\pi}{4} = 2\pi \times 60 + \dfrac{\pi}{4}$ となるので，$120\pi + \dfrac{\pi}{4}$ と $\dfrac{\pi}{4} = 45°$ は同じ角度になります．

$$e = 100\sqrt{2}\,\sin\left(120\pi + \frac{\pi}{4}\right) = 100\sqrt{2}\,\sin 45°$$

$$= 100\sqrt{2} \times \frac{1}{\sqrt{2}} = 100 \text{ V}$$

【問題3】　答　(4)

i の最大値は 5 A で，e よりも $\dfrac{\pi}{3}$ 遅れているので，$i = 5\sin\left(\omega t - \dfrac{\pi}{3}\right)$〔A〕と表されます．

■正弦波

　sin(サイン)，cos(コサイン)の波形の波動を正弦波と呼んでいます．

10 三角関数の重要公式

Q1：まず，三角関数の $\sin^2\theta + \cos^2\theta = 1$ の公式について，分かりやすく説明してください.

　第1図の直角三角形については，

$$\sin\theta = \frac{b}{a}, \qquad \cos\theta = \frac{c}{a}$$

となるので，

$$\sin^2\theta + \cos^2\theta = \left(\frac{b}{a}\right)^2 + \left(\frac{c}{a}\right)^2 = \frac{b^2 + c^2}{a^2}$$

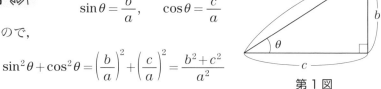

第1図

ここで，三平方の定理より，$a^2 = b^2 + c^2$ となるので，

$$\sin^2\theta + \cos^2\theta = \frac{b^2 + c^2}{a^2} = \frac{a^2}{a^2} = 1$$

これから，

$$\sin^2\theta + \cos^2\theta = 1 \qquad\qquad\qquad ①$$

が成り立つことが分かります.

　①式は，$\sin\theta$（$\cos\theta$）の値が分かると $\cos\theta$（$\sin\theta$）の値が計算できることを示しています.

　例えば，力率 $\cos\theta = 0.8$ のときの $\sin\theta$ の値は，次のように求められます.

$$\sin^2\theta + \cos^2\theta = \sin^2\theta + 0.8^2 = 1$$

$$\sin^2\theta = 1 - 0.8^2 = 1 - 0.64 = 0.36$$

$$\therefore \quad \sin\theta = \pm\sqrt{0.36} = \pm 0.6$$

　もし，$0 < \theta < 90°$（θ が $90°$ 未満の正の角度）であれば $\sin\theta > 0$ となるので，$\sin\theta = 0.6$ となります.

■ $\sin^2\theta$, $\cos^2\theta$

$\sin\theta \times \sin\theta = \sin^2\theta$, $\cos\theta \times \cos\theta = \cos^2\theta$ のように表します.

〔練習問題1〕　交流回路の皮相電力を S〔kV・A〕,消費電力を P〔kW〕,無効電力を Q〔kvar〕,力率を $\cos\theta\ (0<\theta<90°)$ とすると,

$$P = S\cos\theta,\quad Q = S\sin\theta$$

となります.

$S = 100$〔kV・A〕,$\cos\theta = 0.7$ のときの無効電力 Q の値〔kvar〕として,最も近いものを次のうちから選びなさい.

(1)　50　　(2)　63　　(3)　71　　(4)　87　　(5)　93

〔解き方〕　$\sin^2\theta + \cos^2\theta = 1$ より,

$$\sin^2\theta = 1 - \cos^2\theta = 1 - 0.7^2 = 1 - 0.49 = 0.51$$

$$\sin\theta = \sqrt{0.51} = 0.7141 \ \text{(電卓が必要です)}$$

$$\therefore\quad Q = S\sin\theta = 100 \times 0.7141 = 71.41\ \text{kvar}$$

（答）(3)

$\mathbf{Q2}$：余弦定理とは何ですか？また，どのような問題で用いられるのですか？

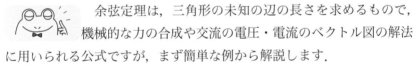

余弦定理は，三角形の未知の辺の長さを求めるもので，機械的な力の合成や交流の電圧・電流のベクトル図の解法に用いられる公式ですが，まず簡単な例から解説します.

第2図の直角三角形については，三平方の定理より,

$$x^2 = a^2 + b^2$$

となるので,x の長さは②式で求めることができます.

$$x = \sqrt{a^2 + b^2} \tag{②}$$

したがって，第3図の x の長さは,

$$x = \sqrt{a^2 + b^2} = \sqrt{8^2 + 6^2} = \sqrt{100} = 10$$

と求まります.

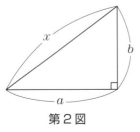

第2図

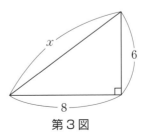

第3図

次に，第4図の二等辺三角形については $\theta = 180° - 120° = 60°$ となります．また，三角形の内角の和は $180°$ ですから，$\theta + 2\phi = 180°$ より，$\phi = 60°$ となることから，第5図の正三角形になることが分かります．したがって，$x = a$ になります．

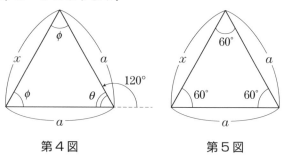

第4図　　　　　　　　第5図

第6図の二等辺三角形については，点 A から長さ x の辺 BC に垂線 AD を引くと，△ABD と △ACD は同じ形状になるので，第7図のようになり，

$$x = 2b = 2a\cos 30° = 2a \times \frac{\sqrt{3}}{2} = \sqrt{3}\,a$$

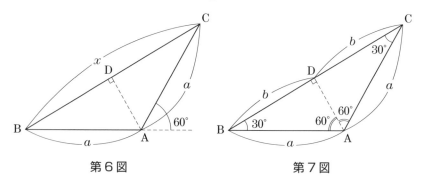

第6図　　　　　　　　　第7図

あるいは，第8図のように，直角三角形 ABC を考えると，三平方の定理より，$x = \sqrt{3}\,a$ になることが分かります．

$$x^2 = \left(a + a\cos 60°\right)^2 + \left(a\sin 60°\right)^2$$
$$= \left(a + a \times \frac{1}{2}\right)^2 + \left(a \times \frac{\sqrt{3}}{2}\right)^2$$
$$= \left(\frac{3}{2}a\right)^2 + \left(\frac{\sqrt{3}}{2}a\right)^2 = \left(\frac{9}{4} + \frac{3}{4}\right)a^2$$

$$= \frac{12}{4}a^2 = 3a^2$$

$$x = \sqrt{3a^2} = \sqrt{3}\,a$$

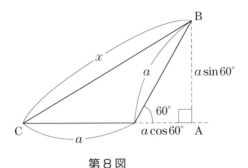

第8図

では，最後に**第9図**で a, b の辺の長さとこの2辺が挟む角 θ が分かっているときの x の長さを求めてみよう．

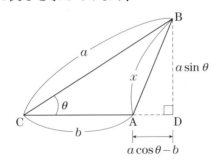

第9図

第9図のように，Bから辺CAの延長線上に垂線をおろすと，直角三角形ABDができます．

ここで，辺ADの長さは $(a\cos\theta - b)$，辺BDの長さは $a\sin\theta$ になるので，三平方の定理から，

$$x^2 = (a\cos\theta - b)^2 + (a\sin\theta)^2$$
$$= a^2\cos^2\theta - 2ab\cos\theta + b^2 + a^2\sin^2\theta$$
$$= a^2(\sin^2\theta + \cos^2\theta) + b^2 - 2ab\cos\theta$$

ここで，$\sin^2\theta + \cos^2\theta = 1$ ですから，

$$x^2 = a^2 + b^2 - 2ab\cos\theta$$

$$\therefore \quad x = \sqrt{a^2 + b^2 - 2ab\cos\theta} \qquad\qquad ③$$

と求めることができます．この③式を余弦定理と呼んでいます．この③式は暗記する必要はありませんが，式の導き方を覚えておくことが望ましい．

〔練習問題2〕　図の三角形において x の長さを求めなさい．

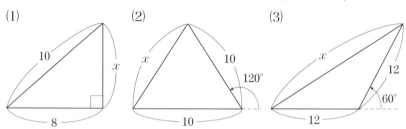

(1)　(2)　(3)

〔解き方〕

(1)　$10^2 = 8^2 + x^2$

$x = \sqrt{10^2 - 8^2} = \sqrt{100 - 64} = \sqrt{36} = 6$

(2)　正三角形になるので，

$x = 10$

(3)　$x = 2 \times 12 \cos 30° = 2 \times 12 \times \dfrac{\sqrt{3}}{2}$

$= 12\sqrt{3} = 20.78$

Q3：加法定理とは何ですか？また，どのような学習テーマで必要となる定理ですか？

(1)　加法定理

三角関数の加法定理は次式で示されます．

$$\begin{cases} \sin(\alpha + \beta) = \sin\alpha\cos\beta + \cos\alpha\sin\beta \qquad\qquad ④ \\ \sin(\alpha - \beta) = \sin\alpha\cos\beta - \cos\alpha\sin\beta \qquad\qquad ⑤ \end{cases}$$

$$\begin{cases} \cos(\alpha + \beta) = \cos\alpha\cos\beta - \sin\alpha\sin\beta \qquad\qquad ⑥ \\ \cos(\alpha - \beta) = \cos\alpha\cos\beta + \sin\alpha\sin\beta \qquad\qquad ⑦ \end{cases}$$

⑵　加法定理の応用

　加法定理は,「理論」で学習する三相電力の測定法である「二電力計法」の原理の説明に用いられます.

　（注）　加法定理については,「理論」の学習進度に合わせて学習するとよい.

　三相3線式回路の電力は, **第10図**のように, 2個の電力計 W_1, W_2 を接続すると, W_1 と W_2 の指示値の和 (P_1+P_2) が三相電力を表すことを利用して測定します. この測定法を二電力計法と呼んでいます.

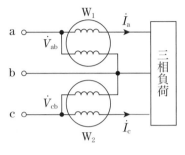

第10図

　いま, 相順を abc, 相電圧を E, 線間電圧を V, 線電流を I, 負荷の力率角を θ（遅れ）と仮定し, 平衡三相回路のベクトル図を描くと, **第11図**になります.

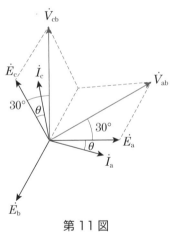

第11図

　このベクトル図より, W_1 と W_2 の指示値は次のようになります.

①　W_1 の電圧コイルは a 相→b 相につながれているので, 電圧 $\dot{V}_{\mathrm{ab}}$ と電流 $\dot{I}_{\mathrm{a}}$ の有効電力を示します.

　　よって, 指示値 P_1 は,

$$P_1 = VI\cos(30°+\theta)\,〔\mathrm{W}〕$$

②　W_2 の電圧コイルは c 相→b 相につながれているので, 電圧 $\dot{V}_{\mathrm{cb}}$ と電流 $\dot{I}_{\mathrm{c}}$ の有効電力を示します.

　　よって, 指示値 P_2 は,

$$P_2 = VI\cos(30°-\theta)\,〔\mathrm{W}〕$$

となります. ここで, $P=P_1+P_2$ を計算すると, コサインの加法定理 $\cos(\alpha\pm\beta)=\cos\alpha\cos\beta\mp\sin\alpha\sin\beta$ の公式より,

$$P_1+P_2 = VI(\cos30°+\theta)+VI(\cos30°-\theta)$$

$$= VI\left(\cos 30° \cos\theta - \sin 30° \sin\theta\right)$$
$$+ VI\left(\cos 30° \cos\theta + \sin 30° \sin\theta\right)$$
$$= 2VI\cos 30° \cos\theta = 2VI \times \frac{\sqrt{3}}{2} \times \cos\theta$$
$$= \sqrt{3}\,VI\cos\theta \,\text{〔W〕}$$
$$\therefore \quad P_1 + P_2 = \sqrt{3}\,VI\cos\theta \,\text{〔W〕} \tag{8}$$

⑧式は，P_1 と P_2 の和が三相回路の電力 $\sqrt{3}\,VI\cos\theta$ になることを表しています．

〔練習問題３〕

(1) $\sin 15°$ の値を求めなさい．

　（参考）　$\sin 15° = \sin\left(45° - 30°\right)$
$$= \sin 45° \cos 30° - \cos 45° \sin 30°$$

(2) $\cos 15°$ の値を求めなさい．

　（参考）　$\cos 15° = \cos\left(45° - 30°\right)$
$$= \cos 45° \cos 30° + \sin 45° \sin 30°$$

〔解き方〕

(1)　$\sin 15° = \sin\left(45° - 30°\right) = \sin 45° \cos 30° - \cos 45° \sin 30°$
$$= \frac{1}{\sqrt{2}} \times \frac{\sqrt{3}}{2} - \frac{1}{\sqrt{2}} \times \frac{1}{2} = \frac{\sqrt{3}}{2\sqrt{2}} - \frac{1}{2\sqrt{2}}$$
$$= \frac{\sqrt{3}-1}{2\sqrt{2}} = 0.259$$

(2)　$\cos 15° = \cos\left(45° - 30°\right) = \cos 45° \cos 30° + \sin 45° \sin 30°$
$$= \frac{1}{\sqrt{2}} \times \frac{\sqrt{3}}{2} + \frac{1}{\sqrt{2}} \times \frac{1}{2} = \frac{\sqrt{3}}{2\sqrt{2}} + \frac{1}{2\sqrt{2}}$$
$$= \frac{\sqrt{3}+1}{2\sqrt{2}} = 0.966$$

三角関数は辺の比を表すもので，第12図のような直角三角形については，

$$\tan 60° = \frac{\sqrt{3}}{1} = \sqrt{3}$$

となります．これに対し，逆三角関数は，角度を表すもので，

$$\tan^{-1} \sqrt{3} = 60° \qquad\qquad ⑨$$

のような形の形式で表されます．

第12図

⑨式は，「tan が $\sqrt{3}$ になる角度は 60°」という意味の式であり，左辺は，"アークタンジェント・ルート 3"のように読みます．

また，sin，cos についても，次のように表すことができます．

$$\sin 60° = \frac{\sqrt{3}}{2} \;\rightarrow\; \sin^{-1} \frac{\sqrt{3}}{2} = 60° \;(\sin^{-1} はアークサインと読みます)$$

$$\cos 60° = \frac{1}{2} \;\rightarrow\; \cos^{-1} \frac{1}{2} = 60° \;(\cos^{-1} はアークコサインと読みます)$$

〔練習問題4〕　次の角度を求めなさい．ただし，角度は正で 90° 未満とします．

(1)　$\tan^{-1} \dfrac{1}{\sqrt{3}}$　　(2)　$\tan^{-1} 1$　　(3)　$\sin^{-1} \dfrac{1}{2}$　　(4)　$\cos^{-1} \dfrac{1}{\sqrt{2}}$

〔解き方〕

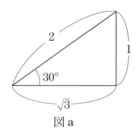

図 a

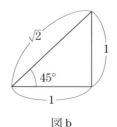

図 b

10

(1) $\tan 30° = \dfrac{1}{\sqrt{3}}$ ですから（図 a），

$$\tan^{-1}\dfrac{1}{\sqrt{3}} = 30° = \dfrac{\pi}{6}\ (\mathrm{rad})$$

(2) $\tan 45° = 1$ ですから（図 b），

$$\tan^{-1} = 45° = \dfrac{\pi}{4}\ (\mathrm{rad})$$

(3) $\sin 30° = \dfrac{1}{2}$ ですから（図 a），

$$\sin^{-1}\dfrac{1}{2} = 30° = \dfrac{\pi}{6}\ (\mathrm{rad})$$

(4) $\cos 45° = \dfrac{1}{\sqrt{2}}$ ですから（図 b），

$$\cos^{-1}\dfrac{1}{\sqrt{2}} = 45° = \dfrac{\pi}{4}\ (\mathrm{rad})$$

理解度チェック　問　題

【問題 1 】　定格容量 100 kV・A，力率 90 ％の負荷があるとする．この負荷の無効電力の値〔kvar〕として，最も近いものを次のうちから選びなさい．

(1) 10　　　(2) 15　　　(3) 22　　　(4) 33　　　(5) 44

【問題 2 】　a 図の平衡三相電源の相電圧 E と線間電圧 V の大きさの関係は，b 図のようになります．$V = 6\,600$ V のときの E の値〔V〕として，最も近いものを次のうちから選びなさい．

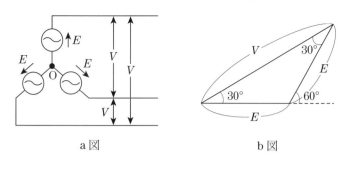

a図   b図

(1) 3 310　　(2) 3 810　　(3) 3 950

(4) 4 020　　(5) 4 120

【問題3】　図のような平衡三相回路に2個の単相電力計 W_1 および W_2 を接続したところ，W_1 および W_2 の指示はそれぞれ 1.7 kW および 0 kW であった．この場合の三相負荷の消費電力の値〔kW〕として，最も近いものを次のうちから選びなさい．

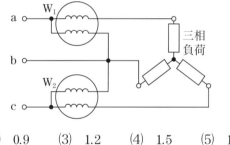

(1) 0　　(2) 0.9　　(3) 1.2　　(4) 1.5　　(5) 1.7

【問題4】　a図の回路のインピーダンス Z はb図のように表されます．力率角 θ を表す式として，正しいものを次のうちから選びなさい．

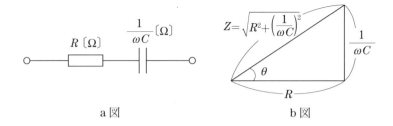

a 図   b 図

(1) $\quad \tan^{-1} \dfrac{1}{\omega CR}$ (2) $\quad \tan^{-1} \dfrac{R}{\omega C}$ (3) $\quad \tan^{-1} \dfrac{\omega C}{R}$

(4) $\quad \tan^{-1} \omega CR$ (5) $\quad \tan^{-1} \dfrac{R}{\sqrt{R^2 + \left(\dfrac{1}{\omega C}\right)^2}}$

理解度チェック 解 答

【問題1】 （答） (5)

力率 $\cos\theta = 0.9$ であるから，

$$\sin\theta = \sqrt{1 - \cos^2\theta} = \sqrt{1 - 0.9^2} = \sqrt{1 - 0.81}$$

$$= \sqrt{0.19} = 0.4359$$

$$\therefore \quad Q = S\sin\theta = 100 \times 0.4359 = 43.59 \ \text{kvar}$$

【問題2】 （答） (2)

$$V = 2 \times E\cos 30° = 2E \times \frac{\sqrt{3}}{2} = \sqrt{3}\,E$$

$$\therefore \quad E = \frac{V}{\sqrt{3}} = \frac{6\,600}{\sqrt{3}} = \frac{6\,600}{1.732} = 3\,811 \ \text{V}$$

【問題3】 （答） (5)

$$P = P_1 + P_2 = 1.7 + 0 = 1.7 \ \text{kW}$$

【問題4】 （答） (1)

$$\tan\theta = \frac{\dfrac{1}{\omega C}}{R} = \frac{1}{\omega CR}$$

$$\therefore \quad \theta = \tan^{-1}\frac{1}{\omega CR}$$

11 ベクトルの計算方法

Q1：まず，ベクトルの足し算と引き算の仕方について示してください．

(1) ベクトルの表し方

ベクトルは**第1図**のように1本の矢で表され，矢の長さがベクトルの大きさを，矢の方向がベクトルの向きを表しています．

このようなベクトルを電気工学では $\dot{A}$（エードットと呼ぶ）のように書きます．また，$\dot{A}$ の大きさを $|\dot{A}|$ または A と表します．なお，ベクトル $\dot{A}$ の O 点を始点，P 点を終点といいます．

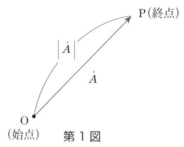

第1図

(2) 等しいベクトル

大きさと向きが同じ二つのベクトル $\dot{A}$ と $\dot{B}$ を等しいベクトルといい，$\dot{A}=\dot{B}$ と書きます．したがって，**第2図**のように位置が違っていても $\dot{A}=\dot{B}$ となることもあります．

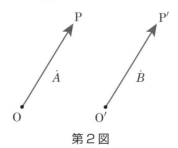

第2図

■ベクトルとスカラ

　ベクトルは力，速度，加速度などのように大きさと向きを持っている量です．これに対し，長さ，体積，温度などのように単に大きさだけを持っている量をスカラといいます．

(3)　ベクトルの計算

(a)　実数倍

$m\dot{A}$ と表されたベクトルは，

$$\begin{cases} m \text{ が正のとき：大きさが } \dot{A} \text{ の } m \text{ 倍で，方向は } \dot{A} \text{ と同じ} \\ m \text{ が負のとき：大きさが } \dot{A} \text{ の } m \text{ 倍で，方向は } \dot{A} \text{ と反対} \end{cases}$$

となります．

　したがって，例えば，

$$\dot{A} \text{ と } 3\dot{A}, \quad -3\dot{A}$$

の関係は，始点 O を同じにして示すと**第3図**のようになります．

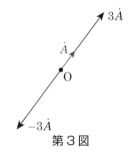

第3図

(b)　ベクトルの足し算

(ア)　平行四辺形の方法

　第4図のように，$\dot{A}$，$\dot{B}$ の2辺からなる平行四辺形を描けば，その対角線が $\dot{A}+\dot{B}$ となります．

(イ)　三角形の方法

　慣れてきたら，第5図のように $\dot{A}$ の終点に $\dot{B}$ の始点を持っていき，$\dot{A}$ の始点と $\dot{B}$ の終点を結んで $\dot{A}+\dot{B}$ としてもよい．

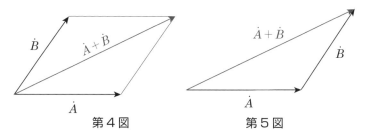

第4図　　　　　　　　　第5図

(c) ベクトルの引き算

第6図のように，$\dot{A}-\dot{B}$ は $\dot{A}+(-\dot{B})$ と考えて，足し算をします．ここで，$-\dot{B}$ は $\dot{B}$ と同じ大きさで，方向が反対のベクトルです．

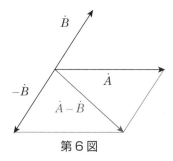

第6図

〔練習問題1〕　図のようなベクトル $\dot{A}$, $\dot{B}$, $\dot{C}$ について次の問に答えなさい．

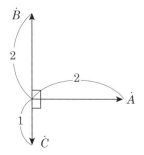

(1) $\dot{A}+\dot{B}$, $\dot{A}-\dot{B}$ を図で示しなさい．また，おのおのの大きさも求めなさい．

(2) $\dot{A}+\dot{B}+\dot{C}$ を図で示しなさい．また，その大きさも求めなさい．

(3) $2\dot{A}+\dot{B}$ を図で示しなさい．また，その大きさも求めなさい．

〔解き方〕

(1)

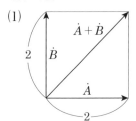

大きさ

$|\dot{A}+\dot{B}| = \sqrt{2^2+2^2} = \sqrt{8} = \sqrt{2^2\times 2} = 2\sqrt{2}$

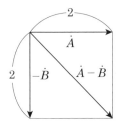

大きさ

$|\dot{A}-\dot{B}| = \sqrt{2^2+2^2} = \sqrt{8} = \sqrt{2^2\times 2} = 2\sqrt{2}$

(2)

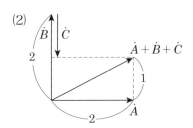

大きさ

$|\dot{A}+\dot{B}+\dot{C}| = \sqrt{2^2+(2-1)^2}$

$\qquad\qquad = \sqrt{5}$

(3)

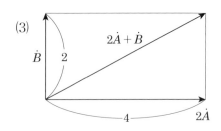

大きさ

$|2\dot{A}+\dot{B}| = \sqrt{4^2+2^2} = \sqrt{20}$

$\qquad\qquad = \sqrt{2^2\times 5} = 2\sqrt{5}$

Q2：このようなベクトルの計算がどのような問題で必要となるのか，実際に出題されるレベルの問題をあげて解説してください.

　ベクトルの計算が必要となる場合の一つは，点電荷間に働くクーロン力や支線に働く張力などの機械力の合成に関する問題です.

> 〈例題1〉
>
> 　一辺の長さが r 〔m〕の正三角形の頂点に，Q 〔C〕の等量の点電荷がある. 各点電荷に働く力〔N〕はいくらか. ただし，空気中とします.

例題1はクーロン力に関するもので，r 〔m〕離れた Q 〔C〕の等量の電荷間には，クーロンの法則により，

$$F = 9 \times 10^9 \times \frac{Q^2}{r^2} \ \text{〔N〕}$$

の反発力が働きます.

したがって，各点電荷に働く力は，**第7図**のようになり，**第8図**のベクトルの和 F' を求めればよい.

ここで，F' の半分の大きさは三角関数の知識を使って，

$$\frac{F'}{2} = F \cos 30° = \frac{\sqrt{3}}{2} F$$

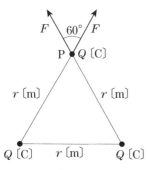

第7図

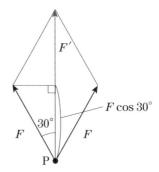

第8図　第7図のP点の電荷に働く力

となります．したがって，$F' = \sqrt{3}\,F$ より，求める力は次式となります．

$$F' = \sqrt{3}\,F = 9\sqrt{3} \times 10^9 \times \frac{Q^2}{r^2}\ (\mathrm{N})$$

（注）　F' の求め方については，第 10 節の余弦定理を参照．

　次に，ベクトルの計算が必要となるのは，例題 2 のような交流回路に関する問題です．

　交流回路では，位相角をベクトルの向きに対応させてベクトル図を描きます．また，ベクトルの大きさは電圧・電流の実効値とします．

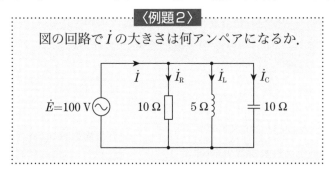

〈例題2〉

図の回路で $\dot{I}$ の大きさは何アンペアになるか．

例題 2 では，

$\dot{I}_\mathrm{R}$：大きさは $I_\mathrm{R} = \dfrac{100}{10} = 10\ \mathrm{A}$ で，電圧と同じ方向

　　（抵抗に流れる電流は電圧と同じ位相になります．）

$\dot{I}_\mathrm{L}$：大きさは $I_\mathrm{L} = \dfrac{100}{5} = 20\ \mathrm{A}$ で，電圧より 90° 遅れた方向

　　（コイルに流れる電流は電圧よりも 90° 遅れます．）

$\dot{I}_\mathrm{C}$：大きさは $I_\mathrm{C} = \dfrac{100}{10} = 10\ \mathrm{A}$ で，電圧より 90° 進んだ方向

　　（コンデンサに流れる電流は電圧よりも 90° 進みます．）

のベクトルとなるので，**第9図**のベクトル図より，$\dot{I} = \dot{I}_\mathrm{R} + \dot{I}_\mathrm{L} + \dot{I}_\mathrm{C}$ の大きさは，

$$\dot{I} = \sqrt{10^2 + (20-10)^2} = \sqrt{200} = 10\sqrt{2}\ \mathrm{A}$$

となります．

　（注）　$\dot{I}$ は $\dot{I}_\mathrm{L} + \dot{I}_\mathrm{C}$ を先に作図し，その後で $\dot{I}_\mathrm{R}$ を加えると分かりやすい．

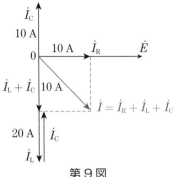

第9図

理解度チェック 問 題

【問題1】 図aのように支持物に水平力 $T = 1\,000$ N がかかっていると
き，支線に加わる張力 P を求める場合は図bのベクトル図を
用い，P の水平分力 F が T と等しくなると考えます．

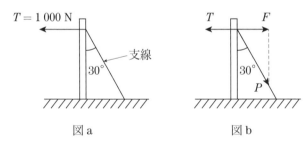

図a   図b

支線に加わる張力 P の値〔N〕として，最も近いものを次の
うちから選びなさい．

 (1) 1 000 (2) 1 400 (3) 1 800 (4) 2 000 (5) 2 400

【問題2】 a図の回路で，おのおのの素子にb図の電流が流れると，

 ● 抵抗に流れる電流 i_R は実効値が 10 A（最大値は $10\sqrt{2}$ A ）
  で，電圧 e と同じ位相である．

 ● コイルに流れる電流 i_L は実効値が 15 A（最大値は $15\sqrt{2}$ A ）
  で，電圧 e よりも 90° 遅れている．

 ● コンデンサに流れる電流 i_C は実効値が 5 A（最大値は

$5\sqrt{2}$ A ）で，電圧 e よりも 90° 進んでいる．

ことから，次の手順でベクトル図（c 図）で描くことができます．

　① 電源電圧 e を基準ベクトルにし，$\dot{E}$ を x 軸の方向に描く．

　② 各素子に流れる電流のベクトル図を描く．

　　㋐ 抵抗に流れる電流：記号は $\dot{I}_R$，大きさは 10 A，方向は $\dot{E}$ と同じ向き

　　㋑ コイルに流れる電流：記号は $\dot{I}_L$，大きさは 15 A，方向は $-90°$ の向き

　　㋒ コンデンサに流れる電流：記号は $\dot{I}_C$，大きさは 5 A，方向は $+90°$ の向き

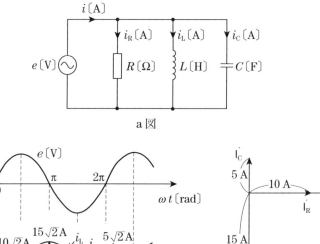

a 図

b 図　　　　　　　　　c 図

　回路に流れる電流 i の実効値〔A〕として，最も近いものを次のうちから選びなさい．

(1)　10　　(2)　12　　(3)　14

(4)　16　　(5)　18

〔問題3〕 図の交流回路において，抵抗 R を流れる電流 I_R の値〔A〕として，最も近いものを次のうちから選びなさい．

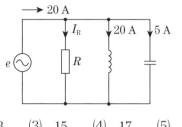

(1) 11　(2) 13　(3) 15　(4) 17　(5) 20

理解度チェック 解 答

【問題1】 （答） (4)

$$\frac{F}{P} = \sin 30° \ \text{より,}$$

$$F = P \sin 30° = P \times \frac{1}{2}$$

$$\therefore \ P = 2F = 2T = 2 \times 1\,000$$

$$= 2\,000 \ \text{N}$$

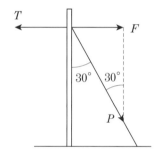

11

【問題2】 （答） (3)

まず，$\dot{I}_L + \dot{I}_C$ を作図し，次に $\dot{I}_R$ を足し算すると分かりやすい．

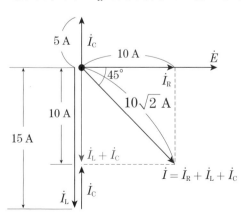

図より，
$$|\dot{I}| = |\dot{I}_R + \dot{I}_L + \dot{I}_C| = \sqrt{10^2 + 10^2} = \sqrt{200} = 10\sqrt{2}$$
$$= 14.1\,\text{A}$$

【問題3】　(答)　(2)

ベクトル図より，
$$I = \sqrt{I_R{}^2 + (20-5)^2}$$
$$= \sqrt{I_R{}^2 + 15^2} = 20\,\text{A} \qquad\qquad ①$$

①式の両辺を 2 乗して，
$$I_R{}^2 + 15^2 = 20^2$$
$$I_R{}^2 = 20^2 - 15^2$$
$$\therefore\quad I_R = \sqrt{20^2 - 15^2} = \sqrt{175} = 13.2\,\text{A}$$

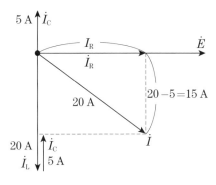

Q1：虚数および複素数とはどんな数ですか.

(1) 虚 数

　実際にある数（実数）は平方（2乗）すると必ずプラスの符号になりますが，平方して -1 になる数を j で表し，これを虚数単位といいます（平方してマイナスになる数は実際には存在しないため，虚数と呼んでいます）.

$$j^2 = -1 \Rightarrow j = \sqrt{-1}$$

　また，

$$\sqrt{-a} = j\sqrt{a} \quad （ただし, \ a > 0）$$

と表します．したがって，

$$\sqrt{-3} = j\sqrt{3}, \quad \sqrt{-4} = j\sqrt{4} = j2$$

のように表すことができます.

　虚数単位については，次のような計算をすることができます．計算の要領は，j を普通の文字のように扱い，j^2 が現れるごとに -1 に置き換えます.

$$j^2 = -1$$

$$j^3 = j^2 \times j = (-1) \times j = -j$$

$$j^4 = j^3 \times j = -j \times j = -j^2 = -(-1) = 1$$

$$\frac{j}{j} = 1 \quad （j で約分）$$

$$\frac{j}{-j} = \frac{\dfrac{j}{j}}{-\dfrac{j}{j}} = \frac{1}{-1} = -1$$

⑵　複素数

　一般に $a+\mathrm{j}\,b$（a, b は実数）で表される数を複素数，a をその実数部，b をその虚数部といいます．二つの複素数 $a+\mathrm{j}\,b$ と $c+\mathrm{j}\,d$ は $a=c$ かつ $b=d$ のときに等しいと定めます．

$$a=c \text{ かつ } b=d \text{ のとき }\quad a+\mathrm{j}\,b=c+\mathrm{j}\,d$$

■虚数の表し方
　一般に文字と数の掛け算は，
$$A \times 5 = 5A$$
のように数を文字の前に出しますが，虚数を表す j は数の前に出します．
$$\sqrt{-5} = \mathrm{j}\sqrt{5}$$
■複素数の表し方
　複素数は，ベクトルと同様に $\dot{A}=a+\mathrm{j}\,b$ のように・（ドット）を付けた記号で表します．

〔練習問題1〕　次の計算をしなさい．

⑴　$\sqrt{-4}+\sqrt{-16}$

⑵　$\sqrt{-8}-\sqrt{-32}$

⑶　$\sqrt{-3}\times\sqrt{-12}$

⑷　$\dfrac{\sqrt{-125}}{\sqrt{-5}}$

〔解き方〕

⑴　$\sqrt{-4}+\sqrt{-16}=\mathrm{j}\sqrt{4}+\mathrm{j}\sqrt{16}=\mathrm{j}2+\mathrm{j}4$
$$=\mathrm{j}(2+4)=\mathrm{j}6$$

⑵　$\sqrt{-8}-\sqrt{-32}=\mathrm{j}\sqrt{8}-\mathrm{j}\sqrt{32}=\mathrm{j}\sqrt{2^2\times2}-\mathrm{j}\sqrt{4^2\times2}$
$$=\mathrm{j}2\sqrt{2}-\mathrm{j}4\sqrt{2}=\mathrm{j}(2-4)\sqrt{2}=-\mathrm{j}2\sqrt{2}$$

⑶　$\sqrt{-3}\times\sqrt{-12}=\mathrm{j}\sqrt{3}\times\mathrm{j}\sqrt{12}=\mathrm{j}^2\times\sqrt{3}\times\sqrt{12}=(-1)\times\sqrt{3\times12}$
$$=-\sqrt{36}=-6$$

⑷　$\dfrac{\sqrt{-125}}{\sqrt{-5}}=\dfrac{\cancel{\mathrm{j}}\sqrt{125}}{\cancel{\mathrm{j}}\sqrt{5}}=\sqrt{\dfrac{125}{5}}=\sqrt{25}=5$

　　　　　　　　　　　j で約分

〔練習問題２〕　$x+\mathrm{j}4=2+\mathrm{j}y$ に適する x, y の値を求めなさい.

〔解き方〕　等しい複素数は実数部同士，虚数部同士が等しいので，

$$x=2, \quad y=4$$

Q2：虚数の計算については理解できました. 次に，複素数の計算の仕方について具体例を示しながら説明してください.

(1) 足し算

実数部同士，虚数部同士を加え合わせます.

$$\underbrace{}_{\text{実数部同士}} \quad \underbrace{}_{\text{虚数部同士}}$$

$$(a+\mathrm{j}b)+(c+\mathrm{j}d) = (a+c)+\mathrm{j}(b+d)$$

(例)　$(1+\mathrm{j}2)+(2+\mathrm{j}3) = (1+2)+\mathrm{j}(2+3)$

$$= 3+\mathrm{j}5$$

(2) 引き算

実数部は実数部同士で，虚数部は虚数部同士で引き算を行います.

$$(a+\mathrm{j}b)-(c+\mathrm{j}d) = (a-c)+\mathrm{j}(b-d)$$

(例)　$(1+\mathrm{j}2)-(2+\mathrm{j}3) = (1-2)+\mathrm{j}(2-3)$

$$= -1-\mathrm{j}$$

(3) 掛け算

j を普通の文字のように扱って，展開の要領で計算します. j^2 は -1 に置き換えます.

$$(a+\mathrm{j}b)(c+\mathrm{j}d) = \overset{①}{ac} + \overset{②}{\mathrm{j}ad} + \overset{③}{\mathrm{j}bc} + \overset{④}{\mathrm{j}^2bd} = ac-bd+\mathrm{j}ad+\mathrm{j}bc$$

$$= (ac-bd)+\mathrm{j}(ad+bc)$$

(例)　$(1+\mathrm{j}2)(2+\mathrm{j}3) = 2+\mathrm{j}3+\mathrm{j}4+\mathrm{j}^2 6$

$$= 2-6+\mathrm{j}(3+4)$$

$$= -4+\mathrm{j}7$$

(4) 割り算

分母の共役複素数を分母・分子に掛けて，実数部と虚数部に分けます.

$$\frac{a+\mathrm{j}b}{c+\mathrm{j}d} = \frac{(a+\mathrm{j}b)(c-\mathrm{j}d)}{(c+\mathrm{j}d)(c-\mathrm{j}d)} = \frac{ac-\mathrm{j}ad+\mathrm{j}bc-\mathrm{j}^2bd}{c^2-\mathrm{j}cd+\mathrm{j}cd-\mathrm{j}^2d^2}$$

$$= \frac{ac+bd+\mathrm{j}bc-\mathrm{j}ad}{c^2+d^2} = \frac{ac+bd}{c^2+d^2}+\mathrm{j}\frac{bc-ad}{c^2+d^2}$$

(例)　$\dfrac{1+\mathrm{j}2}{2+\mathrm{j}3} = \dfrac{(1+\mathrm{j}2)(2-\mathrm{j}3)}{(2+\mathrm{j}3)(2-\mathrm{j}3)} = \dfrac{2-\mathrm{j}3+\mathrm{j}4-\mathrm{j}^2 6}{4-\mathrm{j}6+\mathrm{j}6-\mathrm{j}^2 9} = \dfrac{2+6+\mathrm{j}(4-3)}{4+9}$

$$= \frac{8+\mathrm{j}}{13} = \frac{8}{13}+\mathrm{j}\frac{1}{13}$$

■共役複素数

　虚数部の符号だけが異なる $\dot{A}=a+\mathrm{j}b$ と $\overline{A}=a-\mathrm{j}b$ は互いに他の共役複素数であるといいます．共役複素数同士の和および積は実数になります．

$$\dot{A}+\overline{A} = (a+\mathrm{j}b)+(a-\mathrm{j}b) = 2a$$
$$\dot{A}\overline{A} = (a+\mathrm{j}b)(a-\mathrm{j}b) = a^2-\mathrm{j}ab+\mathrm{j}ab-\mathrm{j}^2b^2 = a^2+b^2$$

(例)　$\dot{A}=3+\mathrm{j}4$,　$\overline{A}=3-\mathrm{j}4$ とすると，

$$\dot{A}+\overline{A} = 3+\mathrm{j}4+3-\mathrm{j}4 = 3+3 = 6$$
$$\dot{A}\overline{A} = (3+\mathrm{j}4)(3-\mathrm{j}4) = 9-\mathrm{j}12+\mathrm{j}12-\mathrm{j}^2 4^2$$
$$= 9-(-1)16 = 9+16 = 25$$

(注)　$\overline{A}$ は「A バー」と読みます．

(5)　複素数の大きさ（絶対値）

$\dot{A}=a+\mathrm{j}b$ のとき，$\sqrt{(実数部)^2+(虚数部)^2}$ を $\dot{A}$ の大きさ（絶対値）といい，

$$|\dot{A}| = \sqrt{a^2+b^2}　または　A = \sqrt{a^2+b^2}$$

のように表します．

(例)　$\dot{A}=3+\mathrm{j}4$ のとき，

$$|\dot{A}| = \sqrt{3^2+4^2} = \sqrt{25} = 5$$

$\dot{B}=3-\mathrm{j}4=3+\mathrm{j}(-4)$ のとき，

$$|\dot{B}| = \sqrt{3^2+(-4)^2} = \sqrt{25} = 5$$

$\dot{A} = a \pm jb$ のとき, $|\dot{A}| = \sqrt{a^2 + b^2}$ となります.

〔練習問題3〕 次の複素数を計算しなさい.

(1) $(2+j3) + (4+j3)$

(2) $(2+j4) - (1+j2)$

(3) $(2+j5)(4+j3)$

(4) $(2+j3)^2$

(5) $\dfrac{4-j3}{3+j4}$

(6) $\dfrac{2}{1+j2} + \dfrac{3}{2+j4}$

〔解き方〕

(1) $(2+j3) + (4+j3) = (2+4) + j(3+3) = 6+j6$

(2) $(2+j4) - (1+j2) = (2-1) + j(4-2) = 1+j2$

(3) $(2+j5)(4+j3) = 8+j6+j20+j^2 15 = 8-15+j(6+20)$
$$= -7+j26$$

(4) $(2+j3)^2 = (2+j3)(2+j3) = 4+j6+j6+j^2 9$
$$= 4-9+j(6+6) = -5+j12$$

(5) $\dfrac{4-j3}{3+j4} = \dfrac{(4-j3)(3-j4)}{(3+j4)(3-j4)} = \dfrac{12+j^2 12 - j9 - j16}{9-j^2 16}$

$$= \dfrac{12-12-j25}{9+16} = \dfrac{0-j25}{25} = -j$$

(6) $\dfrac{2}{1+j2} + \dfrac{3}{2+j4} = \dfrac{2(1-j2)}{(1+j2)(1-j2)} + \dfrac{3(2-j4)}{(2+j4)(2-j4)}$

$$= \dfrac{2-j4}{1+4} + \dfrac{6-j12}{4+16} = \dfrac{2-j4}{5} + \dfrac{6-j12}{20}$$

$$= \dfrac{2}{5} - j\dfrac{4}{5} + \dfrac{6}{20} - j\dfrac{12}{20}$$

$$= \left(\dfrac{2}{5} + \dfrac{6}{20}\right) - j\left(\dfrac{4}{5} + \dfrac{12}{20}\right)$$

12

$$= \left(\frac{2}{5} + \frac{3}{10}\right) - j\left(\frac{4}{5} + \frac{6}{10}\right)$$

$$= \left(\frac{4}{10} + \frac{3}{10}\right) - j\left(\frac{8}{10} + \frac{6}{10}\right)$$

$$= \frac{7}{10} - j\frac{14}{10} = \frac{7}{10} - j\frac{7}{5}$$

理解度チェック 問 題

【問題1】　あるインピーダンス $\dot{Z}$ に $\dot{E} = 80 + j60$ V を加えると，$\dot{I} = 6 + j8$ A の電流が流れた．インピーダンス $\dot{Z}$ 〔Ω〕の値として正しいものを次のうちから選びなさい．ただし，$\dot{Z} = \dfrac{\dot{E}}{\dot{I}}$ と計算されます．

(1)　$8 + j6$　　　　(2)　$6 - j8$　　　　(3)　$9.6 + j2.8$

(4)　$9.6 - j2.8$　　(5)　$8.3 - j5.6$

【問題2】　図の交流回路の回路電流は，

$$\dot{I} = \dot{I}_R + \dot{I}_L + \dot{I}_C$$

$$= \frac{\dot{E}}{R} + \frac{\dot{E}}{jX_L} + \frac{\dot{E}}{-jX_C}$$

となります．

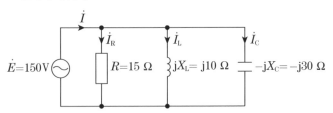

$\dot{I}$ の大きさの値〔A〕として，最も近いものを次のうちから選びなさい．

(1)　10　　(2)　12　　(3)　14　　(4)　16　　(5)　18

【問題3】　図の交流回路に流れる電流は2Aであった．電源の電圧$\dot{E}$の大きさの値〔V〕として，最も近いものを次のうちから選びなさい．

（参考）　$\dot{E} = R\dot{I} + jX_L\dot{I} - jX_C\dot{I}$

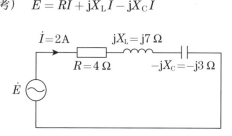

(1)　5.66　　(2)　11.3　　(3)　14.1　　(4)　17.0　　(5)　19.8

理解度チェック　解　答

【問題1】　（答）⑷

$$\dot{Z} = \frac{\dot{E}}{\dot{I}} = \frac{80+j60}{6+j8} = \frac{(80+j60)(6-j8)}{(6+j8)(6-j8)}$$

$$= \frac{80\times6 - 80\times j8 + j60\times6 - j^2 60\times8}{6^2 - j^2 8^2}$$

$$= \frac{480+480+j360-j640}{36+64} = \frac{960-j280}{100}$$

$$= \frac{960}{100} - j\frac{280}{100}$$

$$= 9.6 - j2.8\ \Omega$$

【問題2】　（答）⑶

$$\dot{I} = \frac{\dot{E}}{R} + \frac{\dot{E}}{jX_L} + \frac{\dot{E}}{-jX_C}$$

$$= \frac{150}{15} + \frac{150}{j10} + \frac{150}{-j30}$$

$$= 10 + \frac{j150}{j^2 10} + \frac{j150}{-j^2 30}$$

$$= 10 + \frac{\text{j}150}{-10} + \frac{\text{j}150}{30}$$

$$= 10 - \text{j}15 + \text{j}5 = 10 - \text{j}10 \text{ A}$$

$$\therefore \quad |\dot{I}| = \sqrt{10^2 + 10^2} = \sqrt{200} = \sqrt{100 \times 2}$$

$$= 10\sqrt{2} = 14.1 \text{ A}$$

【問題3】 （答） ⑵

$$\dot{E} = R\dot{I} + \text{j}X_\text{L}\dot{I} - \text{j}X_\text{C}\dot{I}$$

$$= 4 \times 2 + \text{j}7 \times 2 - \text{j}3 \times 2$$

$$= 8 + \text{j}14 - \text{j}6$$

$$= 8 + \text{j}(14 - 6)$$

$$= 8 + \text{j}8 \text{ V}$$

$$\therefore \quad |\dot{E}| = \sqrt{8^2 + 8^2} = \sqrt{128} = 11.3 \text{ V}$$

13 ベクトル図と複素数

Q1：複素数を使うとベクトルの足し算，引き算が代数計算できるとのことですが，この関係について説明してください．

(1) 複素平面（ガウス平面）

実数 a と虚数 jb からなる複素数 $a+jb$ は，**第1図**のように実数軸（x–y 座標の x 軸方向）上に a，虚数軸（x–y 座標の y 軸方向）上に b をとった平面上の点 P と対応させることができます．このように，平面上の各点が複素数を表していると考えられる平面を，複素平面またはガウス平面といいます．

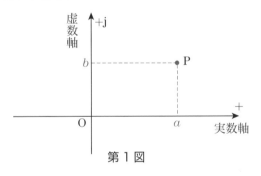

第1図

(2) ベクトルと複素数

第2図のように，ベクトルの始点を原点 O とし，終点 P の座標の実数軸成分を a，虚数軸成分を b とすると，このベクトルは $\dot{A}=a+jb$ と表すことができます．

また，複素数の大きさ（絶対値）$|\dot{A}|=\sqrt{a^2+b^2}$ はベクトルの大きさを表します．

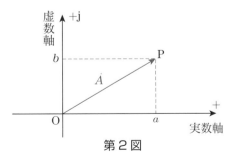

第2図

(3) ベクトルの足し算

いま，$\dot{Z}_1$ と $\dot{Z}_2$ の二つのベクトル

$$\begin{cases} \dot{Z}_1 = a + \mathrm{j}b \\ \dot{Z}_2 = c + \mathrm{j}d \end{cases}$$

を**第3図**のように複素平面上に表し，その和 $\dot{Z}_1 + \dot{Z}_2$ を平行四辺形の方法によって求めると，$\dot{Z}_1 + \dot{Z}_2$ は $(a+c) + \mathrm{j}(b+d)$ に対応するベクトルとなります．

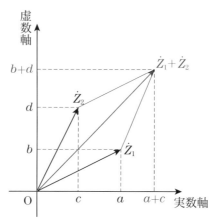

第3図

これは，次のように $\dot{Z}_1$ と $\dot{Z}_2$ を複素数で足し算した値と一致します．

$$\dot{Z}_1 + \dot{Z}_2 = (a + \mathrm{j}b) + (c + \mathrm{j}d)$$
$$= (a+c) + \mathrm{j}(b+d) \qquad\qquad ①$$

このように，複素数を使えば，ベクトルの足し算が作図をしなくても代数計算で求められます．

また，合成ベクトル $\dot{Z}_1 + \dot{Z}_2$ の大きさは，①式の絶対値を計算して，

$$|\dot{Z}_1 + \dot{Z}_2| = \sqrt{(a+c)^2 + (b+d)^2}$$

で求めることができます．

(4) ベクトルの引き算

$\dot{Z}_1$ と $\dot{Z}_2$ の引き算は，複素数を使えば，

$$\dot{Z}_1 - \dot{Z}_2 = (a + \mathrm{j}b) - (c + \mathrm{j}d) = (a-c) + \mathrm{j}(b-d)$$

と代数的に求まります．また，その大きさは次式となります．

$$|\dot{Z}_1 - \dot{Z}_2| = \sqrt{(a-c)^2 + (b-d)^2}$$

〔練習問題1〕　次の複素数で表されるベクトルを複素平面上に示しなさい．また，各ベクトルの大きさを求めなさい．

(1)　$\dot{A}_1 = 2 + \text{j}2\sqrt{3}$　　　(2)　$\dot{A}_2 = 2 - \text{j}2\sqrt{3}$

(3)　$\dot{A}_3 = -1 + \text{j}\sqrt{3}$　　　(4)　$\dot{A}_4 = -1 - \text{j}\sqrt{3}$

〔解き方〕（図参照）

(1)　$\begin{aligned}|\dot{A}_1| &= \sqrt{2^2 + (2\sqrt{3})^2}\\ &= \sqrt{4 + 4 \times 3}\\ &= \sqrt{16} = 4\end{aligned}$

(2)　$\begin{aligned}|\dot{A}_2| &= \sqrt{2^2 + (-2\sqrt{3})^2}\\ &= \sqrt{4 + (2\sqrt{3})^2}\\ &= \sqrt{4 + 4 \times 3}\\ &= \sqrt{16} = 4\end{aligned}$

(3)　$\begin{aligned}|\dot{A}_3| &= \sqrt{(-1)^2 + (\sqrt{3})^2}\\ &= \sqrt{1 + 3}\\ &= \sqrt{4} = 2\end{aligned}$

(4)　$\begin{aligned}|\dot{A}_4| &= \sqrt{(-1)^2 + (-\sqrt{3})^2}\\ &= \sqrt{1 + 3}\\ &= \sqrt{4} = 2\end{aligned}$

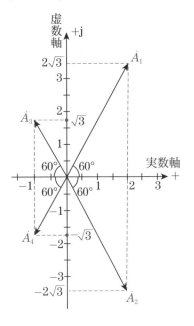

Q2：複素数の絶対値に関する次の公式について説明してください．

$$|\dot{A}\dot{B}| = |\dot{A}||\dot{B}|, \quad \left|\frac{\dot{A}}{\dot{B}}\right| = \frac{|\dot{A}|}{|\dot{B}|}$$

また，この公式の使い方について，具体的な計算例をあげて説明してください．

(1)　$|\dot{A}\dot{B}| = |\dot{A}||\dot{B}|$

この公式は，$\dot{A}$ と $\dot{B}$ の掛け算 $\dot{A}\dot{B}$ の絶対値 $|\dot{A}\dot{B}|$ は，$\dot{A}$ の

絶対値$|\dot{A}|$と$\dot{B}$の絶対値$|\dot{B}|$を掛けた値になることを表しています．

例えば，$\dot{A}=1+\mathrm{j}2,\ \dot{B}=3+\mathrm{j}$のとき，$|\dot{A}\dot{B}|$を求めるには，まず$\dot{A}\dot{B}$を，
$$\dot{A}\dot{B}=(1+\mathrm{j}2)(3+\mathrm{j})=3+\mathrm{j}+\mathrm{j}6+\mathrm{j}^2 2=3-2+\mathrm{j}(1+6)$$
$$=1+\mathrm{j}7$$

と計算し，
$$|\dot{A}\dot{B}|=\sqrt{1^2+7^2}=\sqrt{50}=\sqrt{25\times 2}=5\sqrt{2}$$

のように計算する手順が思い浮かぶと思いますが，$|\dot{A}\dot{B}|$の大きさだけを求めるときには，
$$\begin{cases}|\dot{A}|=|1+\mathrm{j}2|=\sqrt{1^2+2^2}=\sqrt{5}\\|\dot{B}|=|3+\mathrm{j}|=\sqrt{3^2+1^2}=\sqrt{10}\end{cases}$$
$$\therefore\ |\dot{A}\dot{B}|=|\dot{A}||\dot{B}|=\sqrt{5}\times\sqrt{10}=\sqrt{50}=5\sqrt{2}$$

のように計算することができます．

また，三つ以上の複素数の掛け算であっても，
$$|\dot{A}\dot{B}\dot{C}|=|\dot{A}\dot{B}||\dot{C}|=|\dot{A}||\dot{B}||\dot{C}|$$

のように，それぞれの複素数の絶対値の掛け算で計算できます．

(2) $\left|\dfrac{\dot{A}}{\dot{B}}\right|=\dfrac{|\dot{A}|}{|\dot{B}|}$

この公式は，$\dot{A}$と$\dot{B}$の割り算の絶対値$\left|\dfrac{\dot{A}}{\dot{B}}\right|$は，$\dot{A}$の絶対値$|\dot{A}|$と$\dot{B}$の絶対値$|\dot{B}|$の割り算となることを表しています．

例えば，$\dfrac{\dot{A}}{\dot{B}}=\dfrac{1+\mathrm{j}2}{3+\mathrm{j}4}$について，$\dfrac{\dot{A}}{\dot{B}}$を求めてから，その絶対値を計算すると，

$$\dfrac{\dot{A}}{\dot{B}}=\dfrac{1+\mathrm{j}2}{3+\mathrm{j}4}=\dfrac{(1+\mathrm{j}2)(3-\mathrm{j}4)}{(3+\mathrm{j}4)(3-\mathrm{j}4)}$$

$$=\dfrac{3+8+\mathrm{j}6-\mathrm{j}4}{9+16}=\dfrac{11+\mathrm{j}2}{25}=\dfrac{11}{25}+\mathrm{j}\dfrac{2}{25}$$

$$\left|\dfrac{\dot{A}}{\dot{B}}\right|=\sqrt{\left(\dfrac{11}{25}\right)^2+\left(\dfrac{2}{25}\right)^2}=\sqrt{\dfrac{121}{625}+\dfrac{4}{625}}$$

$$=\sqrt{\dfrac{125}{625}}=\sqrt{\dfrac{1}{5}}=\dfrac{1}{\sqrt{5}}$$

のように，たいへんな計算をしなければなりませんが，$\left|\dfrac{\dot{A}}{\dot{B}}\right|=\dfrac{|\dot{A}|}{|\dot{B}|}$ の公式を使えば，

$$|\dot{A}|=|1+j2|=\sqrt{1^2+2^2}=\sqrt{5}$$

$$|\dot{B}|=|3+j4|=\sqrt{3^2+4^2}=5$$

より，

$$\left|\dfrac{\dot{A}}{\dot{B}}\right|=\dfrac{|\dot{A}|}{|\dot{B}|}=\dfrac{\sqrt{5}}{5}=\dfrac{1}{\sqrt{5}}$$

と簡単に計算することができます．

〔練習問題２〕　次の複素数の絶対値を計算しなさい．

(1)　$\left(-\dfrac{1}{2}+j\dfrac{\sqrt{3}}{2}\right)(3+j4)$

(2)　$j(3-j)(1+j)$

(3)　$\dfrac{2+j3}{3+j2}$

(4)　$\dfrac{(1+j3)(2+j)}{1+j2}$

〔解き方〕

(1)　$\left|-\dfrac{1}{2}+j\dfrac{\sqrt{3}}{2}\right||3+j4|=\sqrt{\left(-\dfrac{1}{2}\right)^2+\left(\dfrac{\sqrt{3}}{2}\right)^2}\times\sqrt{3^2+4^2}$

$$=\sqrt{\dfrac{1}{4}+\dfrac{3}{4}}\times\sqrt{9+16}=\sqrt{1}\times\sqrt{25}=5$$

(2)　$|j||3-j||1+j|=1\times\sqrt{3^2+1^2}\times\sqrt{1^2+1^2}$

$$=\sqrt{10}\times\sqrt{2}=2\sqrt{5}$$

（注）　$|j|=|0+j1|=\sqrt{0^2+1^2}=\sqrt{1}=1$

(3)　$\dfrac{|2+j3|}{|3+j2|}=\dfrac{\sqrt{2^2+3^2}}{\sqrt{3^2+2^2}}=\dfrac{\sqrt{13}}{\sqrt{13}}=1$

(4)　$\dfrac{|1+j3||2+j|}{|1+j2|}=\dfrac{\sqrt{1^2+3^2}\times\sqrt{2^2+1^2}}{\sqrt{1^2+2^2}}$

$$=\dfrac{\sqrt{10}\times\sqrt{5}}{\sqrt{5}}=\sqrt{10}$$

13

理解度チェック 問 題

【問題1】　図の平衡三相電源の相電圧 $\dot{E}_a$, $\dot{E}_b$, $\dot{E}_c$ の各ベクトルが次のように表されているとき，下記の(1), (2), (3)の問に答えなさい．

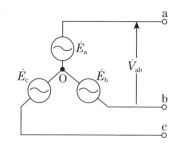

$$\dot{E}_a = 100\,\text{V}$$

$$\dot{E}_b = 100\left(-\frac{1}{2} - j\frac{\sqrt{3}}{2}\right)\text{V}$$

$$\dot{E}_c = 100\left(-\frac{1}{2} + j\frac{\sqrt{3}}{2}\right)\text{V}$$

(1)　$\dot{E}_a$, $\dot{E}_b$, $\dot{E}_c$ を複素平面上に示しなさい．

(2)　$\dot{E}_a + \dot{E}_b + \dot{E}_c = 0$ となることを代数計算で示しなさい．

(3)　線間電圧 $\dot{V}_{ab} = \dot{E}_a - \dot{E}_b$〔V〕を複素平面上に示しなさい．また $|\dot{V}_{ab}|$〔V〕を求めなさい．

【問題2】　電圧が，

$$\dot{E} = 100\left(\frac{1}{2} + j\frac{\sqrt{3}}{2}\right)\text{〔V〕}$$

電流が，

$$\dot{I} = 10\left(\frac{\sqrt{3}}{2} + j\frac{1}{2}\right)\text{〔A〕}$$

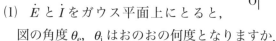

で表されるとき，次の問に答えなさい．

(1)　$\dot{E}$ と $\dot{I}$ をガウス平面上にとると，図の角度 θ_e, θ_i はおのおの何度となりますか．

(2)　$|\dot{E}|$, $|\dot{I}|$ を求めなさい．また，皮相電力 $S(S = |\dot{E}||\dot{I}|)$〔V・A〕を計算しなさい．

(3)　有効電力 $P(P = |\dot{E}||\dot{I}|\cos\theta)$〔W〕を計算しなさい．ただし，$\theta = \theta_e - \theta_i$ とします．

(4)　無効電力 $Q(Q = |\dot{E}||\dot{I}|\sin\theta)$〔var〕を計算しなさい．ただし，$\theta = \theta_e - \theta_i$ とします．

【問題3】 図の交流回路のインピーダンスは $\dot{Z} = 8 + \mathrm{j}4\ \Omega$ と表されます.

電流 $\dot{I}$ の大きさ〔A〕として,最も近いものを次のうちから選びなさい.

(参考) $\dot{I} = \dfrac{\dot{E}}{\dot{Z}}$

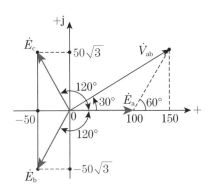

$\dot{I}$

8Ω

$\dot{E} = 100\ \mathrm{V}$

4Ω

(1) 11　　(2) 12　　(3) 13　　(4) 14　　(5) 15

理解度チェック 解 答

【問題1】

(1) $\dot{E}_\mathrm{a}$, $\dot{E}_\mathrm{b}$, $\dot{E}_\mathrm{c}$ は図のような点になります.

$$\begin{cases} \dot{E}_\mathrm{a} = 100\ \mathrm{V} \\ \dot{E}_\mathrm{b} = 100\left(-\dfrac{1}{2} - \mathrm{j}\dfrac{\sqrt{3}}{2}\right) \\ \qquad = -50 - \mathrm{j}50\sqrt{3}\ \mathrm{V} \\ \dot{E}_\mathrm{c} = 100\left(-\dfrac{1}{2} + \mathrm{j}\dfrac{\sqrt{3}}{2}\right) \\ \qquad = -50 + \mathrm{j}50\sqrt{3}\ \mathrm{V} \end{cases}$$

(注) 図には $\dot{V}_\mathrm{ab}$ も記入してあります.

(2) $\dot{E}_\mathrm{a} + \dot{E}_\mathrm{b} + \dot{E}_\mathrm{c} = 100\left(1 - \dfrac{1}{2} - \mathrm{j}\dfrac{\sqrt{3}}{2} - \dfrac{1}{2} + \mathrm{j}\dfrac{\sqrt{3}}{2}\right) = 0$

(3) $\dot{V}_\mathrm{ab} = \dot{E}_\mathrm{a} - \dot{E}_\mathrm{b} = 100 - 100\left(-\dfrac{1}{2} - \mathrm{j}\dfrac{\sqrt{3}}{2}\right)$

$\qquad = 100\left(1 + \dfrac{1}{2} + \mathrm{j}\dfrac{\sqrt{3}}{2}\right) = 100\left(\dfrac{3}{2} + \mathrm{j}\dfrac{\sqrt{3}}{2}\right)$

$\qquad = 150 + \mathrm{j}50\sqrt{3}$

$\left|\dot{V}_\mathrm{ab}\right| = \left|100\left(\dfrac{3}{2} + \mathrm{j}\dfrac{\sqrt{3}}{2}\right)\right| = |100| \times \left|\dfrac{3}{2} + \mathrm{j}\dfrac{\sqrt{3}}{2}\right|$

13

$$= 100 \times \sqrt{\left(\frac{3}{2}\right)^2 + \left(\frac{\sqrt{3}}{2}\right)^2} = 100\sqrt{\frac{9}{4} + \frac{3}{4}}$$

$$= 100\sqrt{\frac{12}{4}} = 100\sqrt{3}$$

【問題2】

(1) $\theta_e = 60°,\ \theta_i = 30°$

① $\dot{E} = 100\left(\frac{1}{2} + j\frac{\sqrt{3}}{2}\right) = 50 + j50\sqrt{3}$ V

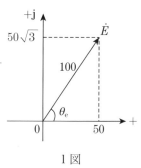

$|\dot{E}| = 100\left|\frac{1}{2} + j\frac{\sqrt{3}}{2}\right| = 100 \times \sqrt{\left(\frac{1}{2}\right)^2 + \left(\frac{\sqrt{3}}{2}\right)^2}$

$$= 100 \times \sqrt{\frac{1}{4} + \frac{3}{4}}$$

$$= 100 \times 1 = 100 \text{ V}$$

1 図

となるので，1 図から，

$$\theta_e = \tan^{-1}\frac{50\sqrt{3}}{50} = \tan^{-1}\sqrt{3} = 60°$$

② $\dot{I} = 10\left(\frac{\sqrt{3}}{2} + j\frac{1}{2}\right) = 5\sqrt{3} + j5$ A

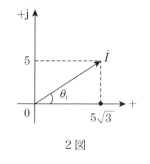

$|\dot{I}| = 10\left|\frac{\sqrt{3}}{2} + j\frac{1}{2}\right| = 10 \times \sqrt{\left(\frac{\sqrt{3}}{2}\right)^2 + \left(\frac{1}{2}\right)^2}$

$$= 10 \times \sqrt{\frac{3}{4} + \frac{1}{4}}$$

$$= 10 \times 1 = 10 \text{ A}$$

2 図

となるので，2 図から，

$$\theta_i = \tan^{-1}\frac{5}{5\sqrt{3}} = \tan^{-1}\frac{1}{\sqrt{3}} = 30°$$

(2) $|\dot{E}| = 100 \times \sqrt{\left(\frac{1}{2}\right)^2 + \left(\frac{\sqrt{3}}{2}\right)^2} = 100 \times \sqrt{\frac{1}{4} + \frac{3}{4}}$

$$= 100 \text{ V}$$

$|\dot{I}| = 10 \times \sqrt{\left(\frac{\sqrt{3}}{2}\right)^2 + \left(\frac{1}{2}\right)^2} = 10 \times \sqrt{\frac{3}{4} + \frac{1}{4}}$

$$= 10 \text{ A}$$

$$S = |\dot{E}||\dot{I}| = 100 \times 10 = 1\ 000\ \text{V·A}$$

(3) $P = 100 \times 10 \cos(60° - 30°)$

$\qquad = 1\ 000 \cos 30° = 1\ 000 \times \dfrac{\sqrt{3}}{2}$

$\qquad = 500\sqrt{3}\ \text{W}$

(4) $Q = 100 \times 10 \sin(60° - 30°) = 1\ 000 \sin 30°$

$\qquad = 1\ 000 \times \dfrac{1}{2}$

$\qquad = 500\ \text{var}$

【問題3】 (答) (1)

インピーダンス $\dot{Z} = 8 + \text{j}4$ より,

$$\dot{I} = \dfrac{\dot{E}}{\dot{Z}} = \dfrac{100}{8 + \text{j}4}$$

$$\therefore \quad \dot{I} = \left|\dfrac{\dot{E}}{\dot{Z}}\right| = \dfrac{|\dot{E}|}{|\dot{Z}|} = \dfrac{100}{|8 + \text{j}4|} = \dfrac{100}{\sqrt{8^2 + 4^2}}$$

$$= \dfrac{100}{\sqrt{80}} = \dfrac{100}{4\sqrt{5}} = \dfrac{25}{\sqrt{5}} = 5\sqrt{5} = 11.2\ \text{A}$$

13

14 複素数のいろいろな表し方

Q1：複素数のいろいろな表し方について，分かりやすく説明してください.

(1) 極座標表示

これまで，複素数を $\dot{A} = a + \mathrm{j}b$ の形で表し，$\dot{A}$ の座標を実数部 a と虚数部 b の組み合わせで定めてきましたが，第1図のP点のように，$\dot{A}$ の座標を大きさ A と角度 θ を用いて表すこともできます. このような座標のとり方では，複素数 $\dot{A}$ は，

$$\dot{A} = A \angle \theta$$

と表されます. これを極座標表示といいます.

これに対し，$\dot{A} = a + \mathrm{j}b$ と表された場合を直交座標形表示といいます.

(2) 三角関数形表示

第2図のように $a = A\cos\theta$，$b = A\sin\theta$ となることより，

$$\dot{A} = A\cos\theta + \mathrm{j}\,A\sin\theta = A(\cos\theta + \mathrm{j}\sin\theta)$$

と表すこともできます. これを三角関数形表示といいます.

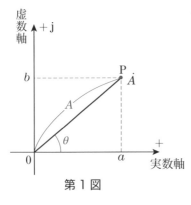

第1図

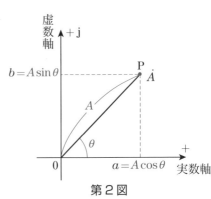

第2図

⑶　指数関数形表示

オイラーの公式　$e^{j\theta} = \cos\theta + j\sin\theta$ を使えば,

$$\dot{A} = A(\cos\theta + j\sin\theta) = Ae^{j\theta}$$

と表すこともできます．これを指数関数形表示といいます．

ここで e は，$e = 2.718\cdots$ となる数で，「ネピア数（ネイピア数）」と呼んでいます．

以上のいろいろな表し方を使えば，第3図の $\dot{A}$ は，

$$\begin{cases} \dot{A} = 50 + j50\sqrt{3} \ \cdots\cdots\cdots\cdots\cdots\cdots\text{（直交座標形表示）} \\ \dot{A} = 100 \angle 60° \cdots\cdots\cdots\cdots\cdots\text{（極座標表示）} \\ \dot{A} = 100(\cos 60° + j\sin 60°)\cdots\cdots\text{（三角関数形表示）} \\ \dot{A} = 100e^{j60°} \cdots\cdots\cdots\cdots\cdots\cdots\text{（指数関数形表示）} \end{cases}$$

のように表すことができます．

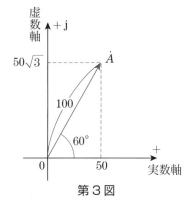

第3図

〔練習問題1〕　次の直交座標形表示で表された複素数を，極座標表示，三角関数形表示および指数関数形表示で示しなさい．

⑴　$50\sqrt{3} + j50$

⑵　$10 - j10$

⑶　$-5 + j5\sqrt{3}$

〔解き方〕

⑴　（a 図参照）

$$\left|50\sqrt{3} + j50\right| = \left|50(\sqrt{3} + j)\right| = 50 \times \sqrt{(\sqrt{3})^2 + 1^2}$$
$$= 50 \times \sqrt{4} = 100$$

14

極座標表示 　　　$100 \angle 30^\circ$

三角関数形表示 　$100(\cos 30^\circ + j \sin 30^\circ)$

指数関数形表示 　$100 e^{j30^\circ}$

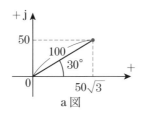

a 図

(2) （b 図参照）

$$|10 - j10| = |10(1-j)| = 10 \times \sqrt{1^2 + 1^2} = 10\sqrt{2}$$

極座標表示 　　　$10\sqrt{2} \angle (-45^\circ)$

三角関数形表示 　$10\sqrt{2}\{\cos(-45^\circ) + j \sin(-45^\circ)\}$

$$= 10\sqrt{2}(\cos 45^\circ - j \sin 45^\circ)$$

指数関数形表示 　$10\sqrt{2}\, e^{-j45^\circ}$

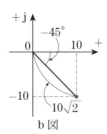

b 図

(3) （c 図参照）

$$\left|-5 + j5\sqrt{3}\right| = \left|5(-1 + j\sqrt{3})\right| = 5 \times \sqrt{(-1)^2 + \left(\sqrt{3}\right)^2} = 5\sqrt{4} = 10$$

極座標表示 　　　$10 \angle 120^\circ$

三角関数形表示 　$10(\cos 120^\circ + j \sin 120^\circ)$

指数関数形表示 　$10 e^{j120^\circ}$

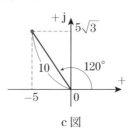

c 図

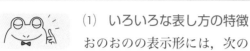

Q2：複素数のいろいろな表し方は分かりましたが，このような表し方をするとどのような利点があるのですか．

(1) いろいろな表し方の特徴

おのおのの表示形には，次のような特徴があります．

① 直交座標形表示：足し算，引き算が計算しやすい．

② 極座標形表示　：大きさと角度が分かりやすい．ただし，複素数の計算に用いることはできない．

③ 三角関数形表示：極座標形表示および指数関数形表示の複素数を直交座標形表示に変えるときに使用する．

④ 指数関数形表示：指数関数形表示は，次のように，掛け算と割り算が簡単になる．

(2) 指数関数形表示の利点

$$\dot{A} = Ae^{j\theta_a}, \quad \dot{B} = Be^{j\theta_b}$$

とすると，第3節で学んだ指数法則より，

$$\dot{A}\dot{B} = Ae^{j\theta_a} \cdot Be^{j\theta_b} = ABe^{j(\theta_a + \theta_b)}$$

となるので，大きさは，A と B の掛け算の値，角度は足し算の値となります．

この計算結果を極座標表示で示すと次のようになります．

$$\dot{A}\dot{B} = A \angle \theta_a \cdot B \angle \theta_b = AB \angle (\theta_a + \theta_b)$$

次に割り算は，

$$\frac{\dot{A}}{\dot{B}} = \frac{Ae^{j\theta_a}}{Be^{j\theta_b}} = \frac{A}{B} e^{j(\theta_a - \theta_b)}$$

となるので，大きさは A/B の割り算，角度は $\theta_a - \theta_b$ の引き算となります．

この計算結果を極座標表示で示すと次のようになります．

$$\frac{\dot{A}}{\dot{B}} = \frac{A \angle \theta_a}{B \angle \theta_b} = \frac{A}{B} \angle (\theta_a - \theta_b)$$

〔練習問題２〕

(1)　$\dot{A}=2e^{j\frac{\pi}{3}}$，$\dot{B}=3e^{-j\frac{\pi}{3}}$ のとき，$\dot{A}\dot{B}$ および $\dot{A}/\dot{B}$ を計算し，直交座標形表示で示しなさい．

(2)　$\dot{A}=2\angle45°$，$\dot{B}=5\angle135°$ のとき，$\dot{A}\dot{B}$ および $\dot{A}/\dot{B}$ を計算し，直交座標形表示で示しなさい．

〔解き方〕

(1)　$\dot{A}\dot{B}=2\times3e^{j\frac{\pi}{3}}\cdot e^{-j\frac{\pi}{3}}=6e^{j\left(\frac{\pi}{3}-\frac{\pi}{3}\right)}=6e^{j0}$

　　　$=6(\cos0+j\sin0)=6(1+j0)=6$

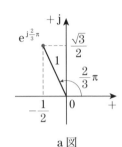

a 図

$$\frac{\dot{A}}{\dot{B}}=\frac{2e^{j\frac{\pi}{3}}}{3e^{-j\frac{\pi}{3}}}=\frac{2}{3}e^{j\frac{\pi}{3}+j\frac{\pi}{3}}$$

$$=\frac{2}{3}e^{j\left(\frac{\pi}{3}+\frac{\pi}{3}\right)}=\frac{2}{3}e^{j\frac{2}{3}\pi}$$

$$=\frac{2}{3}\left(\cos\frac{2}{3}\pi+j\sin\frac{2}{3}\pi\right)$$

$$=\underbrace{\frac{2}{3}\left(-\frac{1}{2}+j\frac{\sqrt{3}}{2}\right)}_{\text{a 図参照}}$$

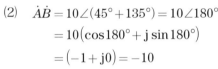

$$=-\frac{1}{3}+j\frac{\sqrt{3}}{3}$$

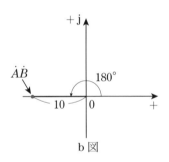

b 図

(2)　$\dot{A}\dot{B}=10\angle(45°+135°)=10\angle180°$

　　　$=10(\cos180°+j\sin180°)$

　　　$=(-1+j0)=-10$

　　※ b 図参照

$$\frac{\dot{A}}{\dot{B}}=\frac{2}{5}\angle(45°-135°)$$

$$=\frac{2}{5}\angle(-90°)=-j\frac{2}{5}$$

　　※ c 図参照

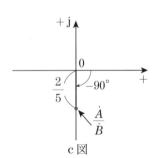

c 図

〔練習問題３〕　$\dot{A} = 5e^{j\frac{\pi}{3}}$，　$\dot{B} = 10e^{j\frac{\pi}{6}}$ のとき，$\dot{A}$, $\dot{B}$, $\dot{A}\dot{B}$, $\dot{A}/\dot{B}$ を直交座標形表示で示しなさい.

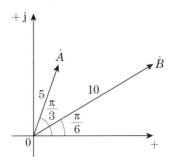

〔解き方〕

$$\dot{A} = 5\left(\cos\frac{\pi}{3} + j\sin\frac{\pi}{3}\right) = 5\left(\frac{1}{2} + j\frac{\sqrt{3}}{2}\right)$$

$$= \frac{5}{2} + j\frac{5\sqrt{3}}{2}$$

$$\dot{B} = 10\left(\cos\frac{\pi}{6} + j\sin\frac{\pi}{6}\right) = 10\left(\frac{\sqrt{3}}{2} + j\frac{1}{2}\right)$$

$$= 5\sqrt{3} + j5$$

$$\dot{A}\dot{B} = 5e^{j\frac{\pi}{3}} \times 10e^{j\frac{\pi}{6}} = 50e^{j\left(\frac{\pi}{3} + \frac{\pi}{6}\right)} = 50e^{j\frac{\pi}{2}}$$

$$= 50\left(\cos\frac{\pi}{2} + j\sin\frac{\pi}{2}\right)$$

$$= 50(0 + j1) = j50$$

$$\frac{\dot{A}}{\dot{B}} = \frac{5e^{j\frac{\pi}{3}}}{10e^{j\frac{\pi}{6}}} = \frac{5}{10}e^{j\left(\frac{\pi}{3} - \frac{\pi}{6}\right)} = \frac{1}{2}e^{j\frac{\pi}{6}}$$

$$= \frac{1}{2}\left(\cos\frac{\pi}{6} + j\sin\frac{\pi}{6}\right)$$

$$= \frac{1}{2}\left(\frac{\sqrt{3}}{2} + j\frac{1}{2}\right) = \frac{\sqrt{3}}{4} + j\frac{1}{4}$$

14

■指数関数形表示の複素数

(1) **大きさ**

$$\mathrm{e}^{\mathrm{j}\theta} = \cos\theta + \mathrm{j}\sin\theta \ \text{より},$$

$$\left|\mathrm{e}^{\mathrm{j}\theta}\right| = \sqrt{\cos^2\theta + \sin^2\theta} = 1$$

したがって，$\dot{A} = A\mathrm{e}^{\mathrm{j}\theta}$ のとき，

$$\left|\dot{A}\right| = |A| \cdot \left|\mathrm{e}^{\mathrm{j}\theta}\right| = A \times 1 = A$$

となり，

$$\dot{A} = A\mathrm{e}^{\mathrm{j}\theta} \quad \longleftarrow \theta \text{は角度を表します．}$$

A は大きさ(絶対値)を表します．

(2) **代表的な複素数**

① $\dot{A} = A\mathrm{e}^{\mathrm{j}0} = A(\cos 0 + \mathrm{j}\sin 0)$
$\qquad = A(1 + \mathrm{j}0) = A$

② $\dot{A} = A\mathrm{e}^{\mathrm{j}\frac{\pi}{2}} = A\left(\cos\dfrac{\pi}{2} + \mathrm{j}\sin\dfrac{\pi}{2}\right)$
$\qquad = A(0 + \mathrm{j}1) = \mathrm{j}A$

③ $\dot{A} = A\mathrm{e}^{\mathrm{j}\pi} = A(\cos\pi + \mathrm{j}\sin\pi)$
$\qquad = A(-1 + \mathrm{j}0) = -A$

④ $\dot{A} = A\mathrm{e}^{-\mathrm{j}\frac{\pi}{2}} = A\left(\cos\dfrac{\pi}{2} - \mathrm{j}\sin\dfrac{\pi}{2}\right)$
$\qquad = A(0 - \mathrm{j}1) = -\mathrm{j}A$

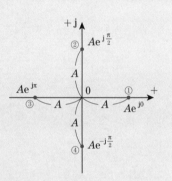

(3) **$\mathrm{e}^{\mathrm{j}\theta}$ と $\mathrm{e}^{-\mathrm{j}\theta}$ の関係**

$$\begin{cases} \mathrm{e}^{\mathrm{j}\theta} = \cos\theta + \mathrm{j}\sin\theta \\ \mathrm{e}^{-\mathrm{j}\theta} = \cos(-\theta) + \mathrm{j}\sin(-\theta) = \cos\theta - \mathrm{j}\sin\theta \end{cases}$$

$\mathrm{e}^{\mathrm{j}\theta}$ と $\mathrm{e}^{-\mathrm{j}\theta}$ は共役複素数の関係になります．(第 12 節参照)

【問題1】 図のベクトル $\dot{E}_\mathrm{a}$, $\dot{E}_\mathrm{b}$, $\dot{E}_\mathrm{c}$ を複素数の直交座標形表示，極座標形表示,三角関数形表示および指数関数形表示で示しなさい．

ただし，$|\dot{E}_\mathrm{a}| = |\dot{E}_\mathrm{b}| = |\dot{E}_\mathrm{c}| = 100\,\mathrm{V}$ とします．

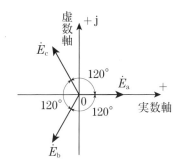

【問題2】 (1) 図の交流回路のインピーダンス $\dot{Z}$ は,

$$\dot{Z} = 10\sqrt{3} + \mathrm{j}10\,\Omega$$

と表されます．$\dot{Z}$ を指数関数形表示で示しなさい．

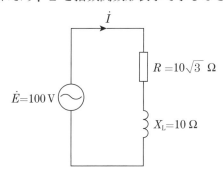

14

(2) 電流 $\dot{I}$ は,

$$\dot{I} = \frac{\dot{E}}{\dot{Z}}$$

で計算されます．$\dot{E} = 100\angle 0° = 100\,\mathrm{V}$ とするとき，$\dot{I}$ を指数関数形表示で示しなさい．

(3) $\dot{E}$ と $\dot{I}$ を複素平面上に示しなさい．

【問題3】 (1) 図の交流回路のインピーダンス $\dot{Z}$ は，

$$\dot{Z} = 10\sqrt{3} - j10 \ \Omega$$

と表されます．$\dot{Z}$ を指数関数形表示で示しなさい．

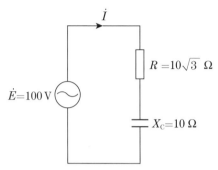

(2) 電流 $\dot{I}$ は，

$$\dot{I} = \frac{\dot{E}}{\dot{Z}}$$

で計算されます．$\dot{E} = 100 \angle 0° = 100$ V とするとき，$\dot{I}$ を指数関数形表示で示しなさい．

(3) $\dot{E}$ と $\dot{I}$ を複素平面上に示しなさい．

理解度チェック　解　答

【問題1】(図参照)

① 直交座標形表示

$$\dot{E}_a = 100 \ \text{V}$$

$$\dot{E}_b = 100\left(-\frac{1}{2} - j\frac{\sqrt{3}}{2}\right)$$
$$= -50 - j50\sqrt{3} \ \text{V}$$

$$\dot{E}_c = 100\left(-\frac{1}{2} + j\frac{\sqrt{3}}{2}\right)$$
$$= -50 + j50\sqrt{3} \ \text{V}$$

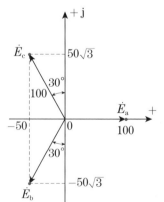

② 極座標形表示

$$\dot{E}_a = 100 \angle 0° \ \text{V}$$

$$\dot{E}_b = 100 \angle 240° = 100 \angle (-120°) \ \text{V}$$

$$\dot{E}_c = 100 \angle 120° \ \text{V}$$

③　三角関数形表示

$\dot{E}_a = 100\,\mathrm{V}$

$\dot{E}_b = 100\,(\cos 240° + \mathrm{j}\sin 240°)$

$\quad\ = 100\,(\cos 120° - \mathrm{j}\sin 120°)\,\mathrm{V}$

$\dot{E}_c = 100\,(\cos 120° + \mathrm{j}\sin 120°)\,\mathrm{V}$

④　指数関数形表示

$\dot{E}_a = 100\,\mathrm{V}$

$\dot{E}_b = 100\mathrm{e}^{\mathrm{j}240°} = 100\mathrm{e}^{-\mathrm{j}120°}\,\mathrm{V}$

$\dot{E}_c = 100\mathrm{e}^{\mathrm{j}120°}\,\mathrm{V}$

【問題2】

(1)　1図より，

$|\dot{Z}| = |10\sqrt{3} + \mathrm{j}10| = |10(\sqrt{3} + 1)|$

$\quad = 10 \times \sqrt{(\sqrt{3})^2 + 1^2} = 10 \times \sqrt{4} = 20\,\Omega$

$\theta = \tan^{-1}\dfrac{10}{10\sqrt{3}} = \tan^{-1}\dfrac{1}{\sqrt{3}} = 30°$

$\therefore\ \dot{Z} = 20\mathrm{e}^{\mathrm{j}30°}\,\Omega$

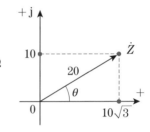

1 図

(2)　$\dot{I} = \dfrac{\dot{E}}{\dot{Z}} = \dfrac{100}{20\mathrm{e}^{\mathrm{j}30°}} = \dfrac{100}{20}\mathrm{e}^{-\mathrm{j}30°}$

$\quad = 5\mathrm{e}^{-\mathrm{j}30°}\,\mathrm{A}$

(3)　2図のようになる．

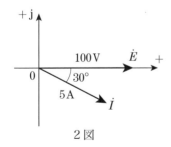

2 図

【問題３】

(1) 1図より，

$$|\dot{Z}| = |10\sqrt{3} - \mathrm{j}10| = |10(\sqrt{3} - \mathrm{j})|$$

$$= 10 \times \sqrt{(\sqrt{3})^2 + 1^2} = 10\sqrt{4} = 20\ \Omega$$

$$\theta = -\tan^{-1}\frac{10}{10\sqrt{3}}$$

$$= -\tan^{-1}\frac{1}{\sqrt{3}} = -30°$$

$$\therefore\ \dot{Z} = 20\mathrm{e}^{-\mathrm{j}30°}\ \Omega$$

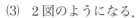

1 図

(2) $\dot{I} = \dfrac{\dot{E}}{\dot{Z}} = \dfrac{100}{20\mathrm{e}^{-\mathrm{j}30°}} = \dfrac{100}{20}\mathrm{e}^{\mathrm{j}30°} = 5\mathrm{e}^{\mathrm{j}30°}\ \mathrm{A}$

(3) 2図のようになる．

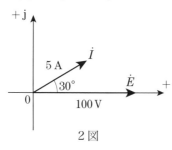

2 図

15 複素電力の計算

Q1：電圧が $\dot{E}$, 電流が $\dot{I}$ のときは，電力は $\bar{E}\dot{I}$ となるとのことですが，この式について説明してください．

（注）　この節は交流回路の知識が必要になるので，理論の学習進度に合わせて学習してください．

第1図のような回路で電圧を $\dot{E}$, 電流を $\dot{I}$ として，そのベクトル図が第2図のようになったと考えてみよう．

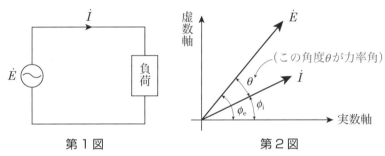

第1図　　　　　　　　　　第2図

ここで，負荷は一般には遅れ負荷を考えるので $\phi_e > \phi_i$ としてあります．

負荷の有効電力 P と無効電力 Q は，力率角 $\theta = \phi_e - \phi_i$ として，

$$\begin{cases} P = EI\cos\theta = EI\cos(\phi_e - \phi_i) & ① \\ Q = EI\sin\theta = EI\sin(\phi_e - \phi_i) \quad （遅れ） & ② \end{cases}$$

で表されます．

ところで，電力は電圧×電流と考え，$\dot{E}\dot{I}$ を計算すると，

$$\begin{aligned} \dot{E}\dot{I} &= Ee^{j\phi_e} \cdot Ie^{j\phi_i} \\ &= EIe^{j(\phi_e + \phi_i)} \\ &= EI\{\cos(\phi_e + \phi_i) + j\sin(\phi_e + \phi_i)\} \\ &= EI\cos(\phi_e + \phi_i) + jEI\sin(\phi_e + \phi_i) \qquad ③ \end{aligned}$$

となって，残念ながら①，②式を含む式は出てきません．

③式をよく見ると，角度のところが$\phi_e+\phi_i$となっており，これが$\phi_e-\phi_i$となれば電力を表す式となることに気づきます．

そこで，$\dot{E}$の代わりに$\bar{E}$を使うことになります．

$\bar{E}$は$\dot{E}$の共役複素数を表し，

$$\dot{E}=Ee^{j\phi_e}=E\left(\cos\phi_e+j\sin\phi_e\right)$$

であれば，

$$\bar{E}=E\left(\cos\phi_e-j\sin\phi_e\right)=E^{-j\phi_e}$$

と表されます．

〔注〕　共役複素数については，第12節参照．

■$\bar{E}$の式
$$\bar{E}=Ee^{-j\phi_e}=E\left\{\cos\left(-\phi_e\right)+j\sin\left(-\phi_e\right)\right\}$$
ここで$\cos\left(-\phi_e\right)=\cos\phi_e$，$\sin\left(-\phi_e\right)=-\sin\phi_e$となるので，
$$Ee^{-j\phi_e}=E\left(\cos\phi_e-j\sin\phi_e\right)$$

では，$\dot{S}=\bar{E}\dot{I}$を計算してみよう．

$$\begin{aligned}\dot{S}=\bar{E}\dot{I}&=Ee^{-j\phi_e}\cdot Ie^{j\phi_i}\\&=EIe^{-j(\phi_e-\phi_i)}\\&=EI\left\{\cos\left(\phi_e-\phi_i\right)-j\sin\left(\phi_e-\phi_i\right)\right\}\\&=EI\cos\left(\phi_e-\phi_i\right)-jEI\sin\left(\phi_e-\phi_i\right)\\&=EI\cos\theta-jEI\sin\theta\end{aligned}\qquad③$$

となり，③式の実数部が有効電力を，虚数部が無効電力を示す式となります．

このように，複素数で表された電力を複素電力と呼んでいます．

なお，虚数部が負のときは遅れ無効電力であることを表しています．進み無効電力の場合は虚数部が正となります．

■$\dot{S}=\dot{E}\bar{I}$について
複素電力を$\dot{E}\bar{I}$で計算することもあります．この場合，実数部が有効電力を示すことは変わりませんが，無効電力の符号が反対になり，虚数部が正のときに遅れ無効電力，負のときに進み無効電力になります．

〔練習問題１〕　次の複素数の共役複素数を求めなさい.

(1)　$1+j3$　　(2)　$2-j$　　(3)　4　　(4)　$10\angle 30°$

(5)　$I(\cos\theta+j\sin\theta)$　　(6)　$Ie^{j\theta}$

〔解き方〕

(1)　$1-j3$　　(2)　$2+j$　　(3)　4　　(4)　$10\angle(-30°)$

(5)　$I(\cos\theta-j\sin\theta)$　　(6)　$Ie^{-j\theta}$

〔注〕　(3)　$\dot{A}=4=4+j0$ の共役複素数は,　$\overline{A}=4-j0=4$
　　　　　となり,　$\dot{A}=\overline{A}=4$ となります.

〔練習問題２〕　電圧ベクトルと電流ベクトルが,

$$\dot{E}=110+j50\,\text{V},\quad \dot{I}=30+j40\,\text{A}$$

で表されるとき, 消費電力 P〔kW〕と無効電力 Q〔kvar〕の組み合わせとして, 正しいものを次のうちから選びなさい.

(1)　$\begin{cases}P=5.3\\Q=2.9\end{cases}$　　(2)　$\begin{cases}P=5.3\\Q=6.0\end{cases}$　　(3)　$\begin{cases}P=5.3\\Q=4.2\end{cases}$

(4)　$\begin{cases}P=2.9\\Q=4.2\end{cases}$　　(5)　$\begin{cases}P=2.9\\Q=6.0\end{cases}$

〔解き方〕　$\overline{E}=110-j50\,\text{V}$ となるので,

$$\overline{E}\dot{I}=(110-j50)(30+j40)$$
$$=3\,300+2\,000+j(4\,400-1\,500)$$
$$=5\,300+j2\,900$$

複素電力の実数部が有効電力, 虚数部が無効電力ですから,

　　　有効電力 $P=5\,300\,\text{W}=5.3\,\text{kW}$

　　　無効電力 $Q=2\,900\,\text{var}=2.9\,\text{kvar}$　　　　　　　（答）(1)

〔注〕　Q の符号は正ですから進み無効電力となります.

【問題1】 単相交流回路の電圧 $\dot{E}$〔V〕と電流 $\dot{I}$〔A〕が図のベクトルで表されるとき，有効電力 P〔kW〕と無効電力 Q〔kvar〕の組み合わせとして，正しいものを次のうちから選びなさい．

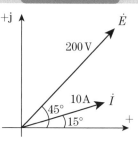

(1) $\begin{cases} P = 1.3 \\ Q = 1.5 \end{cases}$ (2) $\begin{cases} P = 1.4 \\ Q = 1.4 \end{cases}$ (3) $\begin{cases} P = 1.5 \\ Q = 1.3 \end{cases}$

(4) $\begin{cases} P = 1.6 \\ Q = 1.2 \end{cases}$ (5) $\begin{cases} P = 1.7 \\ Q = 1.0 \end{cases}$

【問題2】 単相交流回路において，$\dot{E} = 100 + \mathrm{j}100\sqrt{3}$ V の電圧を加えたとき $\dot{I} = 5\sqrt{3} + \mathrm{j}5$ A の電流が流れる場合，次の値を求めなさい．

① 皮相電力

② 有効電力

③ 無効電力

④ 回路の力率

【問題3】 単相交流回路で電圧が $\dot{E} = 120 + \mathrm{j}60$ V，電流が $\dot{I} = 30 + \mathrm{j}20$ A であるとき，この回路の無効電力の値〔var〕として，最も近いものを次のうちから選びなさい．

(1) 600（進み） (2) 600（遅れ） (3) 2 400（進み）

(4) 2 400（遅れ） (5) 4 200（進み）

理解度チェック　解　答

【問題1】　（答）　(5)

力率角 $\theta = 45° - 15° = 30°$ であるから,

$$\cos\theta = \cos 30° = \frac{\sqrt{3}}{2}, \quad \sin\theta = \sin 30° = \frac{1}{2}$$

したがって,

$$P = EI\cos\theta = 200 \times 10 \times \frac{\sqrt{3}}{2} = 1\,730\,\mathrm{W} = 1.73\,\mathrm{kW}$$

$$Q = EI\sin\theta = 200 \times 10 \times \frac{1}{2} = 1\,000\,\mathrm{var} = 1\,\mathrm{kvar}$$

【問題2】

$$|\dot{E}| = |100(1 + \mathrm{j}\sqrt{3}\,)| = 100 \times \sqrt{1^2 + (\sqrt{3}\,)^2}$$
$$= 100 \times \sqrt{4} = 200\,\mathrm{V}$$

$$|\dot{I}| = |5(\sqrt{3} + \mathrm{j})| = 5 \times \sqrt{(\sqrt{3}\,)^2 + 1^2}$$
$$= 5 \times \sqrt{4} = 10\,\mathrm{A}$$

$$\bar{E}\dot{I} = (100 - \mathrm{j}100\sqrt{3}\,)(5\sqrt{3} + \mathrm{j}5)$$
$$= 500\sqrt{3} + 500\sqrt{3} - \mathrm{j}(1\,500 - 500)$$
$$= 1\,000\sqrt{3} - \mathrm{j}1\,000$$

① 皮相電力　$|\dot{E}||\dot{I}| = 200 \times 10 = 2\,000\,\mathrm{V \cdot A}$

② 有効電力　$P = 1\,000\sqrt{3} = 1\,732\,\mathrm{W}$

③ 無効電力　$Q = 1\,000\,\mathrm{var}$　（遅れ）

④ 力率 $= \dfrac{\text{有効電力}}{\text{皮相電力}} = \dfrac{1\,000\sqrt{3}}{2\,000} = \dfrac{\sqrt{3}}{2} = 0.866$

【問題3】　（答）　(1)

電圧の共役複素数は, $\bar{E} = 120 - \mathrm{j}60\,\mathrm{V}$ ですから, 複素電力 $\dot{S}$ は,

$$\dot{S} = \bar{E}\dot{I} = (120 - \mathrm{j}60)(30 + \mathrm{j}20)$$
$$= (3\,600 + 1\,200) + \mathrm{j}(2\,400 - 1\,800)$$
$$= 4\,800\,\mathrm{W} + \mathrm{j}600\,\mathrm{var}$$

したがって, 無効電力の大きさは 600 var で, j の前の符号が + ですから進み無効電力になります.

15

16 いろいろな関数のグラフとベクトル軌跡

Q1：第3種の学習で必要なグラフの知識について教えてください.

(1) 比例の関数とグラフ

$y = ax$（a は $a > 0$ の定数）という関数を考えてみよう.

この式は $x = 1$ のとき $y = a$, $x = 2$ のとき $y = 2a$, $x = 3$ のとき $y = 3a$, ……となるので, 第1図のような右上がりの直線のグラフとなります.

このように, x が 2 倍, 3 倍となるに従って y も 2 倍, 3 倍になるとき, y は x に比例するといいます. また, a を比例定数と呼んでいます.

次に, $y = -ax$（a は $a > 0$ の定数）の関数については, $x = 1$ のとき $y = -a$, $x = -2$ のとき $y = -2a$, $x = 3$ のとき $y = -3a$, ……となるので, 第2図のような右下がりの直線のグラフになります. この場合も y は x に比例するといい, $-a$ を比例定数と呼んでいます.

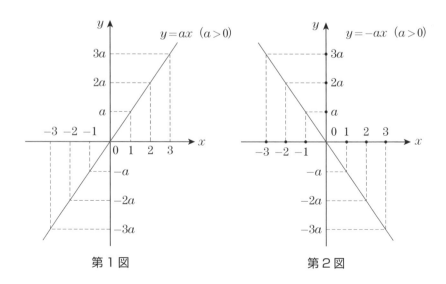

第1図   第2図

⑵　反比例の関数とグラフ

次に，$y = \dfrac{a}{x}$（a は $a > 0$ の定数）という方程式では，$x = 1$ のとき $y = a$，$x = 2$ のとき $y = \dfrac{a}{2}$，$x = 3$ のとき $y = \dfrac{a}{3}$ …… となるので，第3図のようなグラフとなります．このように，x が2倍，3倍となるに従って y が $\dfrac{1}{2}$ 倍，$\dfrac{1}{3}$ 倍となるとき，y は x に反比例するといいます．また，a を比例定数と呼んでいます．

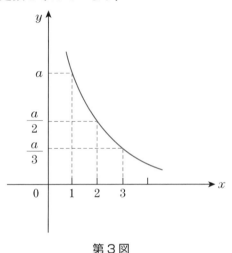

第3図

■関数
　y が x に伴って変わり，x の値を決めるとそれに対応して y の値がただ一つに決まるとき，y は x の関数であるといいます．
■定数 <small>ていすう</small>
　一定の値を表す文字や数を定数といいます．

16

⑶　いろいろな関数のグラフ

　$y = ax + b$（a は $a > 0$ の定数，b は $b > 0$ の定数）という関数を考えてみよう．これは，$y = ax$ に b を足したものとなるので，第4図の①の右上がりのグラフを y 軸のプラス方向に b だけずらした②のグラフになります．また，$y = ax - b$ は y 軸のマイナス方向に b だけずらした③のグラフになります．

　$y = -ax + b$（a は $a > 0$ の定数，b は $b > 0$ の定数）は，$y = -ax$ に b を足したものになるので，第5図④の右下がりのグラフを y 軸のプラス方向に b だけずらした⑤のグラフになります．また，$y = -ax - b$ は y 軸のマイナス方向に b だけずらした第5図の⑥のグラフになります．

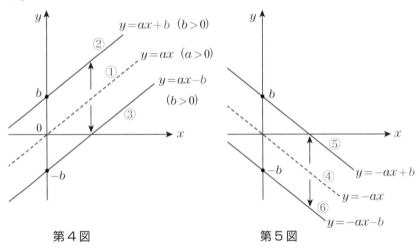

第4図　　　　　　　　　　第5図

　次に $x = c$（一定）という関数は，"y がどんなときでも x は c となる"と解釈することができ，第6図の y 軸に平行な直線となります．

　また，$y = d$（一定）という関数は，"x がどんなときでも y は d となる"と考えることができ，第7図のように x 軸に平行な直線となります．

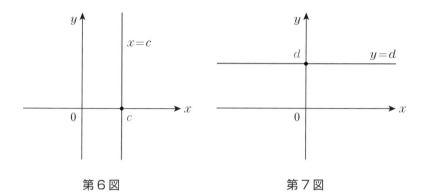

第６図　　　　　　　　　　　　第７図

〔練習問題１〕　次の関数のグラフを描きなさい．

(1)　$y = 3x$　　(2)　$y = -2x$　　(3)　$y = \dfrac{x}{2} + 1$　　(4)　$y = \dfrac{2}{x}$

〔解き方〕

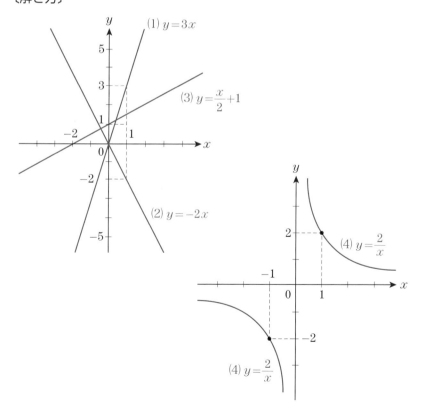

Q2 : グラフの知識が必要な具体的な問題をあげて，その解き方を説明してください．

例題1は「法規」で出題された問題です．

〈例題1〉

日負荷持続曲線が図のような直線で表される負荷がある．$a = 3\,000$，$b = 60$ のとき，この負荷の日負荷率〔％〕はいくらか．最も近い値を次のうちから選びなさい．

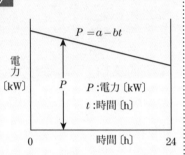

(1) 76　(2) 78　(3) 80
(4) 82　(5) 84

日負荷持続曲線は，1日の負荷を時刻に無関係に大きさの順に配列したもので，

$$P = a - bt$$

の式に，$t = 0$ を代入すれば1日の最大電力 P_{max} が，$t = 24$ を代入すれば1日の最小負荷 P_{min} が求められます．

したがって，第8図のように，

$$P_{max} = 3\,000 - 60 \times 0$$
$$= 3\,000\ \text{kW}$$
$$P_{min} = 3\,000 - 60 \times 24$$
$$= 3\,000 - 1\,440$$
$$= 1\,560\ \text{kW}$$

となる右下がりの直線になります．

ここで，負荷の日負荷率は次式で計算されます．

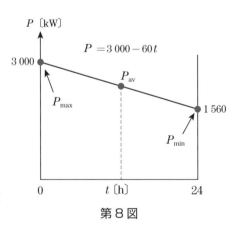

第8図

$$日負荷率 = \frac{1\,日の平均電力\,P_{av}}{1\,日の最大電力\,P_{max}} \times 100\,\%$$

本問では，$P_{av} = \dfrac{P_{max} + P_{min}}{2}$ で計算できるので，

$$P_{av} = \frac{3\,000 + 1\,560}{2} = 2\,280\,\text{kW}$$

となり，

$$日負荷率 = \frac{2\,280}{3\,000} \times 100 = 76\,\% \qquad\qquad \text{（答）} \quad (1)$$

■ P_{av} の求め方

$P = a - bt$ に中央の値 $t = 12$ を代入して求めることもできます．

$P_{av} = 3\,000 - 60 \times 12 = 3\,000 - 720 = 2\,280\,\text{kW}$

例題2は「機械」で出題された問題です．

〈例題2〉

　ある電動機のトルク-回転速度特性および駆動すべき負荷のトルク-回転速度負荷特性が図のような関係にあるとき，定常運転時の回転速度の値〔min^{-1}〕として，最も近いものを次の(1)〜(5)のうちから一つ選びなさい．ただし，n は毎秒の回転速度〔s^{-1}〕を表すものとします．

(1)　550　　(2)　600　　(3)　650　　(4)　700　　(5)　750

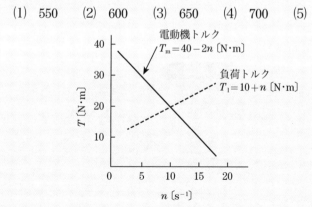

16

機械的な知識が必要な内容ですが，簡単にいうと，T_m は電動機が回そうとするトルク，T_1 は負荷が回るために必要なトルクで，$T_m = T_1$ となる点（第9図の交点 P）で定常運転されます．

したがって，$T_m = T_1$ となるときの n の値 n_0 を求めると，

$$40 - 2n_0 = 10 + n_0$$
$$3n_0 = 30$$
$$\therefore \quad n_0 = 10 \text{ s}^{-1}$$

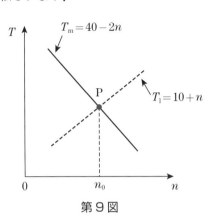

n_0 は1秒間の回転数ですから，毎分の回転数 N に直すと，

$$N = 60n_0$$
$$= 600 \text{ min}^{-1} \quad \text{（答）} \quad (2)$$

第9図

Q3：ベクトル軌跡とは何ですか．また，その描き方について簡単な例をあげて説明してください．

（1）ベクトル軌跡

交流回路で何かを変化させたとき，それに伴って電圧，電流，インピーダンスなどを表すベクトルの先端が複素平面上で描く図形をベクトル軌跡といいます．

〈例題3〉

　図のような回路で，リアクタンス X_L が一定に保たれ，抵抗だけが変化するとき，インピーダンスの軌跡はどのようになるか．

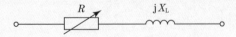

例えば，例題3でインピーダンスは，

$$\dot{Z} = R + jX_L \qquad \qquad ①$$

と表されますが, X_L ＝ 一定で R を 0, R_1, R_2, R_3……と順に増やしていき, そのベクトルの先端をつないでいくと, 第10図の実数軸と平行な直線となります. これが例題3のインピーダンスのベクトル軌跡です.

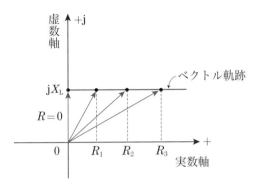

第10図

〔練習問題2〕 図の回路のインピーダンスは,

$$\dot{Z} = R + j\omega L \ 〔\Omega〕$$

となります. 抵抗 R とインダクタンス L が一定で角周波数 ω を 0 →∞ まで変化させたときのベクトル軌跡を描きなさい.

〔解き方〕

$$\dot{Z} = R + j\omega L$$

・$\omega = 0$ のときは $\dot{Z}_0 = R + j0 = R$

・$\omega = \omega_1$ のときは $\dot{Z}_1 = R + j\omega_1 L$

・$\omega = \omega_2$ のときは $\dot{Z}_2 = R + j\omega_2 L$

として, ω を順に大きくしていくと, そのベクトル図は図のように $\dot{Z}_0$, $\dot{Z}_1$, $\dot{Z}_2$……となります. したがって, おのおののベクトルの先端をむすぶと, 図のような虚数軸に平行な直線になります.

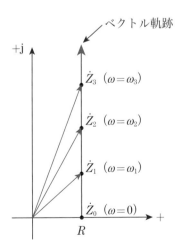

【問題1】 日負荷持続曲線が図のような
直線で表される負荷がある.

$$a = 5\,000, \quad b = 100$$

であるとき,この負荷の日負荷
率の値〔%〕として,最も近い
ものを次のうちから選びなさい.

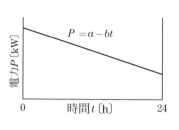

(1) 65 (2) 68 (3) 70 (4) 73 (5) 76

【問題2】 誘導電動機のトルク−回転速度特性が,使用範囲内では
$T_M = 80 - n$ で与えられる.一方,駆動すべき負荷のトルク−回
転速度特性は,$T_L = 20 + 2n$ で与えられる.上記の電動機が,
この負荷を駆動する場合の定常運転時の毎分の回転速度 N の
値〔min^{-1}〕として,最も近いものを次のうちから選びなさい.

ただし,T_M および T_L はそれぞれ電動機のトルク〔N·m〕お
よび軸負荷のトルク〔N·m〕を表し,n は毎秒の回転速度〔s^{-1}〕
を表すものとします.

(1) 1 000 (2) 1 200 (3) 1 400 (4) 1 600 (5) 1 800

【問題1】 (答) (5)

最大電力 $P_{\max}$ は $P = 5\,000 - 100t$ に $t = 0$ を代入して,

$$P_{\max} = 5\,000 - 100 \times 0 = 5\,000\ \mathrm{kW}$$

平均電力 P_{av} は,$t = 12$ を代入して,

$$P_{av} = 5\,000 - 100 \times 12 = 5\,000 - 1\,200 = 3\,800\ \mathrm{kW}$$

日負荷率は,

$$日負荷率 = \frac{P_{\min}}{P_{\max}} \times 100 = \frac{3\,800}{5\,000} \times 100 = 76\ \%$$

【問題2】（答）（2）

負荷と電動機の速度－トルク曲線の交点 P が安定運転点になるので，そのときの回転数を n_0 とすると，

$$20 + 2n_0 = 80 - n_0$$
$$2n_0 + n_0 = 80 - 20$$
$$3n_0 = 60$$
$$\therefore \ n_0 = \frac{60}{3} = 20 \, \mathrm{s}^{-1}$$

毎分の回転数 N は，

$$N = 60n_0 = 60 \times 20 = 1\,200 \, \mathrm{min}^{-1}$$

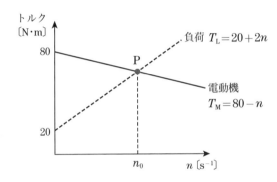

17 最小定理とその応用

Q1：最小定理は次のように説明されていますが，ピンときません．分かりやすく解説してください．

〈最小定理〉二つの正の数があって，その２数の積が一定であれば，その２数が等しいときに２数の和は最小となる．

a と b の二つの正の数を考えます．この二つの数の積 $ab = k$（一定）とすると，a と b の和 $a+b$ の値は $a = b = \sqrt{k}$ のとき最小となります．これを最小定理と呼んでいます．

では，最小定理が成り立つことを証明してみよう．

$ab = k$ より $b = k/a$ となるので，

$$a + b = a + \frac{k}{a} = \left(\sqrt{a} - \frac{\sqrt{k}}{\sqrt{a}} \right)^2 + 2\sqrt{k}$$

この式については，

$$\left(\sqrt{a} - \frac{\sqrt{k}}{\sqrt{a}} \right)^2 = a + \frac{k}{a} - 2\sqrt{k}$$

となるので，これに $2\sqrt{k}$ を加えれば $a + \dfrac{k}{a}$ となる．

と考えると分かりやすい．

$$\therefore \quad a + b = \left(\sqrt{a} - \frac{\sqrt{k}}{\sqrt{a}} \right)^2 + 2\sqrt{k} \tag{①}$$

この式は $\left(\sqrt{a} - \dfrac{\sqrt{k}}{\sqrt{a}} \right)^2 = 0$ のとき最小となるので，最小となる条件は，

$$\sqrt{a} - \frac{\sqrt{k}}{\sqrt{a}} = 0$$

$$(\sqrt{a})^2 - \sqrt{k} = 0$$

$$\therefore \quad a = \sqrt{k}$$

このとき b も $b = \dfrac{k}{a} = \dfrac{k}{\sqrt{k}} = \sqrt{k}$ で，①式の最小値は $2\sqrt{k}$ となります．

〔練習問題1〕

(1) $ab = 4$ のとき，$a+b$ が最小となる条件とそのときの $a+b$ の値を求めなさい．ただし，a，b は正の数とします．

(2) 次の式において，P が最大となるときの R の値と，そのときの P の値を求めなさい．

$$P = \frac{R}{R^2 + 2R + 4}$$

〔解き方〕

(1) 最小定理より，$a = b$ のとき最小になるので，

$$ab = a^2 = 4$$

$$a = \sqrt{4} = 2$$

$$\therefore \quad a = b = 2 \quad \cdots\cdots \text{(答)}$$

したがって，$a+b$ の最小値は，

$$a + b = 2 + 2 = 4 \quad \cdots\cdots \text{(答)}$$

(2) 分母・分子を R で割って，分母だけが変化する式に変形すると，

$$P = \frac{\dfrac{R}{R}}{\dfrac{R^2 + 2R + 4}{R}} = \frac{1}{R + 2 + \dfrac{4}{R}} \tag{①}$$

①式の分母については，$R \times \dfrac{4}{R} = 4$（一定）となるので，最小定理より，

$$R = \frac{4}{R}$$

のとき $R + \dfrac{4}{R}$ は最小となります．

したがって，①式の分母は，

$$R^2 = 4$$

$$\therefore \quad R = 2$$

のとき最小となり，このとき①式は次の最大値となります．

$$P_{\max} = \frac{1}{2+2+2} = \frac{1}{6}$$

Q2：最小定理が分かってきましたが，どのような問題でこの定理を使うことになるのか，具体例を示して説明してください．

　　　　第3種で，最大あるいは最小となる条件を求める問題が出題されることがありますが，そのほとんどが，最小定理を使って解ける問題です．

　では，次の代表的な例題を考えてみましょう．

〈例題〉

　図のように起電力 $E = 12\,\text{V}$，内部抵抗 $r = 2\,\Omega$ の直流電源に可変負荷抵抗 $R\,[\Omega]$ を接続した．R を変化させたときの，負荷抵抗での消費電力の最大値〔W〕として，最も近いものを次のうちから選びなさい．

(1)　12　　(2)　18　　(3)　20

(4)　24　　(5)　30

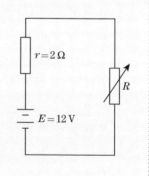

回路に流れる電流は，

$$I = \frac{12}{2+R}\,[\text{A}]$$

ですから，負荷抵抗での消費電力 P は，

$$P = RI^2 = \frac{R \times 12^2}{(2+R)^2} = \frac{144R}{R^2 + 4R + 4}\,[\text{W}] \qquad \qquad ①$$

①式の分母・分子を R で割ると，

$$P = \frac{144}{R + 4 + \dfrac{4}{R}} \ [\mathrm{W}] \qquad\qquad ②$$

②式の分母では，$R \times \dfrac{4}{R} = 4$（一定）ですから，分母は $R = \dfrac{4}{R}$ のとき最小となり，このとき P は最大となります．

したがって，P が最大となる R は，$R = \dfrac{4}{R}$ より，$R = \sqrt{4} = 2\,\Omega$ で，消費電力の最大値 $P_{\max}$ は，②式に $R = 2$ を代入して，

$$P_{\max} = \frac{144}{2 + 4 + \dfrac{4}{2}} = \frac{144}{8} = 18\,\mathrm{W} \qquad\qquad \text{(答)} \ \ (2)$$

理解度チェック 問題

【問題1】 起電力 $E = 100\,\mathrm{V}$，内部抵抗 $r = 2\,\Omega$ の電源を二つ並列にした図のような回路に抵抗負荷 R が接続されている．負荷の抵抗値を加減して得られる負荷の最大電力の値 〔W〕 として，最も近いものを次のうちから選びなさい．

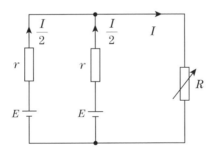

(参考)

(a) 負荷に流れる電流を I 〔A〕 とすると，各電源の回路には $\dfrac{I}{2}$ 〔A〕 が流れるので，

$$E - \frac{I}{2}r = RI$$

この式から I を求めると,

$$E = \left(R + \frac{r}{2}\right)I$$

$$\therefore \quad I = \frac{E}{R + \dfrac{r}{2}} = \frac{100}{R+1} \text{〔A〕}$$

(b) 負荷の消費電力 P は,

$$P = RI^2 \text{〔W〕}$$

(1) 1 500　　(2) 2 000　　(3) 2 500　　(4) 3 000　　(5) 3 500

【問題2】　図の交流回路で，抵抗 R を加減したときの回路の消費電力の最大値〔W〕として，最も近いものを次のうちから選びなさい.

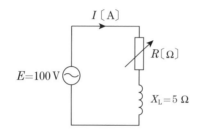

$$(参考) \quad \begin{cases} I = \dfrac{E}{Z} = \dfrac{E}{\sqrt{R^2 + X_{\mathrm{L}}{}^2}} \\[3mm] P = RI^2 \end{cases}$$

(1) 700　　(2) 800　　(3) 900　　(4) 1 000　　(5) 1 200

理解度チェック　解　答

【問題1】　答　(3)

負荷の消費電力 P は,

$$P = RI^2 = R \times \left(\frac{100}{R+1}\right)^2 = \frac{100^2 R}{(R+1)^2}$$

$$= \frac{10\,000\,R}{R^2 + 2R + 1} = \frac{10\,000}{R + 2 + \dfrac{1}{R}} \qquad ①$$

分母・分子を R で割る.

①式の分母は，$R \times \dfrac{1}{R} = 1$（一定）ですから，$R = \dfrac{1}{R}$ のとき最小になります．

したがって，消費電力が最大になる負荷抵抗は，

$$R^2 = 1$$

$$\therefore \quad R = \sqrt{1} = 1\ \Omega$$

消費電力の最大値 P_{max} は①式に $R = 1\ \Omega$ を代入して，

$$P_{\mathrm{max}} = \frac{10\,000}{1 + 2 + \dfrac{1}{1}} = \frac{10\,000}{4} = 2\,500\ \mathrm{W}$$

【問題2】 答 (4)

$$I = \frac{E}{Z} = \frac{E}{\sqrt{R^2 + X_{\mathrm{L}}{}^2}} = \frac{100}{\sqrt{R^2 + 5^2}}$$

$$P = RI^2 = R \times \frac{100^2}{R^2 + 5^2}$$

$$= \frac{10\,000\,R}{R^2 + 25} = \frac{10\,000}{R + \dfrac{25}{R}} \qquad \text{①}$$

分母・分子を R で割る．

①式の分母は，$R \times \dfrac{25}{R} = 25$（一定）ですから，

$$R = \frac{25}{R}$$

$$\therefore \quad R = \sqrt{25} = 5\ \Omega$$

のときに最小になります．

したがって，消費電力の最大値 P_{max} は，①式に $R = 5\ \Omega$ を代入して，

$$P_{\mathrm{max}} = \frac{10\,000}{5 + \dfrac{25}{5}} = \frac{10\,000}{10} = 1\,000\ \mathrm{W}$$

18 対数とゲインの計算

Q1 : 対数とはどんな数のことですか. 分かりやすく説明してください.

対数とは

a を m 乗すると N になるときは,

$$a^m = N \qquad ①$$

と書かれますが, この指数 m を示す式を次のように表します.

$$m = \log_a N \qquad ②$$

(底) — (真数)

ここで, m を a を底とする N の対数といいます. また, N を真数と呼んでいます.

もう少し分かりやすくいうと, 例えば,

$$\log_{10} 1000$$

については, "1000(真数) は 10(底) を何乗した数か? " を表す式で, 1000 は 10 を 3 乗した数であることより, 次の等式を書くことができます.

$$\log_{10} 1000 = \log_{10} 10^3 = 3$$

〔練習問題1〕 次の対数はいくらですか.

(1) $\log_2 16$　　　(2) $\log_2 \dfrac{1}{2}$　　　(3) $\log_{10} 100$

(4) $\log_{10} \sqrt{10}$　　　(5) $\log_{10} 0.01$

〔解き方〕

(1) $\log_2 16 = \log_2 2^4 = 4$

(2) $\log_2 \dfrac{1}{2} = \log_2 2^{-1} = -1$

(3) $\log_{10} 100 = \log_{10} 10^2 = 2$

(4) $\log_{10} \sqrt{10} = \log_{10} 10^{\frac{1}{2}} = \dfrac{1}{2} = 0.5$

(5)　$\log_{10} 0.01 = \log_{10} \dfrac{1}{100} = \log_{10} 10^{-2} = -2$

Q2：対数についてはどのような計算公式を覚えておくことが必要ですか．

対数の計算公式

以下の公式を覚えておこう．ただし，底は1に等しくない正の数，また真数は正の数とします．

① $\log_a 1 = 0$

指数法則 $a^0 = 1$ から，すべての数の0乗は1となります．したがって，例えば，$\log_2 1 = \log_2 1^0 = 0$，$\log_{10} 1 = \log_{10} 1^0 = 0$ などが成り立ちます．

② $\log_a a = 1$

$a^1 = a$ より理解できるでしょう．したがって，$\log_2 2 = \log_2 2^1 = 1$，$\log_{10} 10 = \log_{10} 10^1 = 1$ などが成り立ちます．

③ $\log_a AB = \log_a A + \log_a B$

$A = a^m$，$B = a^n$ とすれば，

$$AB = a^m \times a^n = a^{m+n}$$

から，

$$\log_a AB = \log_a a^{m+n} = m + n$$

となります．一方，

$$\log_a A = \log_a a^m = m, \quad \log_a B = \log_a a^n = n$$

から，

$$\log_a AB = m + n = \log_a A + \log_a B$$

が成り立つことが理解できるでしょう．

④ $\log_a \dfrac{A}{B} = \log_a A - \log_a B$

$A = a^m$，$B = a^n$ とすれば，

18

$$\frac{A}{B} = \frac{a^m}{a^n} = a^{m-n}$$

から,

$$\log_a \frac{A}{B} = \log_a a^{m-n} = m - n$$

となります. 一方, $\log_a A = \log_a a^m = m$, $\log_a B = \log_a a^n = n$ から,

$$\log_a \frac{A}{B} = m - n = \log_a A - \log_a B$$

となることが理解できるでしょう.

〔練習問題2〕 次の対数はいくらか. ただし, $\log_{10} 2 = 0.301$, $\log_{10} 3 = 0.477$ とします.

(1) $\log_{10} 5$ (2) $\log_{10} 6$ (3) $\log_{10} 200$ (4) $\log_{10} 500$ (5) $\log_{10} 600$

〔解き方〕

(1) $\log_{10} 5 = \log_{10} \dfrac{10}{2} = \log_{10} 10 - \log_{10} 2$
$= 1 - 0.301 = 0.699$

(2) $\log_{10} 6 = \log_{10} (2 \times 3) = \log_{10} 2 + \log_{10} 3$
$= 0.301 + 0.477 = 0.778$

(3) $\log_{10} 200 = \log_{10} (2 \times 100) = \log_{10} 2 + \log_{10} 100$
$= \log_{10} 2 + \log_{10} 10^2 = 0.301 + 2$
$= 2.301$

(4) $\log_{10} 500 = \log_{10} \dfrac{1\,000}{2} = \log_{10} 1\,000 - \log_{10} 2$
$= \log_{10} 10^3 - \log_{10} 2 = 3 - 0.301$
$= 2.699$

(5) $\log_{10} 600 = \log_{10} (6 \times 100) = \log_{10} (2 \times 3 \times 100)$
$= \log_{10} 2 + \log_{10} 3 + \log_{10} 100 = 0.301 + 0.477 + 2$
$= 2.778$

■常用対数

底を 10 とする対数を常用対数といいます.

常用対数は底を省いて, $\log 10^2 = 2$ のように書くこともあります.

Q3: 対数の計算はどのような計算に使われるのですか. 具体的な問題例を示して教えてください.

　　　　　　対数計算は，「理論」の増幅器や「機械」の自動制御で学習する周波数伝達関数の利得（りとく）の計算に用いらます.

　利得は入力と出力の大きさの比のことで，ゲインとも呼ばれます. 電圧や電流の利得 g は一般に③式で計算し，単位に〔dB〕（デシベル）を用いて表します.

$$g = 20 \log_{10} \frac{出力}{入力} \ \text{〔dB〕} \qquad\qquad ③$$

　例えば，第1図の増幅器の入力電圧が $v_i = 2\,\text{mV}$ で，出力電圧が $v_o = 0.2\,\text{V}$ である場合には，この増幅器の利得は，

第1図

$$g = 20 \log_{10} \frac{v_o}{v_i} = 20 \log_{10} \frac{0.2}{2 \times 10^{-3}} = 20 \log_{10} \frac{0.2 \times 10^3}{2}$$
$$= 20 \log_{10} 100 = 20 \log_{10} 10^2 = 20 \times 2 = 40\,\text{dB}$$

となります.

〔練習問題3〕　自動制御で学習する微分要素の周波数伝達関数は，

　　$G(j\omega) = j\omega$

となります.

　$\omega = 0.1,\ 1,\ 10,\ 100\,\text{rad/s}$ としたとき，おのおののゲイン（利得）の値〔dB〕を求めなさい.

　（参考）　周波数伝達関数 $G(j\omega)$ のゲインは次式で求められます.

　　$g = 20 \log_{10} |\,G(j\omega)\,| \ \text{〔dB〕}$

〔解き方〕　$|G(j\omega)| = |j\omega| = \omega$ となります.

(1)　$\omega = 0.1$ のとき

　　$g = 20 \log_{10} |G(j\omega)| = 20 \log_{10} 0.1 = 20 \log 10^{-1}$
　　　$= 20 \times (-1) = -20\,\text{dB}$

18

(2) $\omega = 1$ のとき

$g = 20 \log_{10}|G(\mathrm{j}\omega)| = 20 \log_{10} 1 = 20 \log_{10} 10^0$

$\quad = 20 \times 0 = 0 \,\mathrm{dB}$

(3) $\omega = 10$ のとき

$g = 20 \log_{10}|G(\mathrm{j}\omega)| = 20 \log_{10} 10 = 20 \times 1 = 20 \,\mathrm{dB}$

(4) $\omega = 100$ のとき

$g = 20 \log_{10}|G(\mathrm{j}\omega)| = 20 \log_{10} 100 = 20 \log_{10} 10^2$

$\quad = 20 \times 2 = 40 \,\mathrm{dB}$

理解度チェック 問 題

【問題1】 ある増幅器に入力電圧 $2\,\mathrm{mV}$ を加えたところ，出力電圧は $120\,\mathrm{mV}$ となった．この増幅器の電圧利得の値〔dB〕として，最も近いものを次のうちから選びなさい．

ただし，$\log_{10} 2 = 0.301$，$\log_{10} 3 = 0.477$ とします．

(1) 34 　　(2) 36 　　(3) 38 　　(4) 40 　　(5) 42

【問題2】 積分要素の周波数伝達関数は，$G(\mathrm{j}\omega) = \dfrac{1}{\mathrm{j}\omega}$ となります．

$\omega = 0.1$，1，10，100 rad/s としたときの，おのおののゲインの値〔dB〕を求めなさい．

（参考） 周波数伝達関数 $G(\mathrm{j}\omega)$ のゲインは次式で求められます．

$g = 20 \log_{10}|G(\mathrm{j}\omega)|$ 〔dB〕

理解度チェック 解 答

【問題1】 答 (2)

③式より，

$$g = 20 \log_{10} \frac{120}{2} = 20 \log_{10} 60$$
$$= 20 \log_{10}(2 \times 3 \times 10) = 20(\log_{10} 2 + \log_{10} 3 + \log_{10} 10)$$
$$= 20(0.301 + 0.477 + 1) = 35.6 \text{ dB}$$

【問題2】

$\left| G(\mathrm{j}\omega) \right| = \left| \dfrac{1}{\mathrm{j}\omega} \right| = \dfrac{1}{\omega}$ より，$g = 20 \log_{10} \dfrac{1}{\omega}$ となります．

ⓐ $\omega = 0.1$ のとき

$$g = 20 \log_{10} \frac{1}{0.1} = 20 \log_{10} 10$$
$$= 20 \times 1 = 20 \text{ dB}$$

ⓑ $\omega = 1$ のとき

$$g = 20 \log_{10} 1 = 20 \log 10^0$$
$$= 20 \times 0 = 0 \text{ dB}$$

ⓒ $\omega = 10$ のとき

$$g = 20 \log_{10} \frac{1}{10} = 20 \log_{10} 10^{-1}$$
$$= 20 \times (-1) = -20 \text{ dB}$$

ⓓ $\omega = 100$ のとき

$$g = 20 \log_{10} \frac{1}{100} = 20 \log_{10} 10^{-2}$$
$$= 20 \times (-2) = -40 \text{ dB}$$

索　　引

171

——著 者 略 歴——

石橋　千尋（いしばし　ちひろ）

昭和 26 年　静岡県生まれ
昭和 50 年　東北大学工学部電気工学科卒業
同　年　日本ガイシ㈱入社
昭和 52 年　電験第 1 種合格
昭和 58 年　技術士（電気電子部門）合格
平成 10 年　石橋技術士事務所開設．現在に至る．

改訂3版　電験3種かんたん数学

1995年12月20日　第1版第1刷発行
1998年 9月20日　改訂第1版第1刷発行
2010年 5月20日　改訂第2版第1刷発行
2020年11月13日　改訂第3版第1刷発行

著　者　石橋（いしばし）千尋（ちひろ）
発行者　田中　聡

発 行 所
株式会社　電 気 書 院
ホームページ　www.denkishoin.co.jp
（振替口座　00190-5-18837）
〒101-0051　東京都千代田区神田神保町1-3ミヤタビル2F
電話(03)5259-9160／FAX(03)5259-9162

印刷　中央精版印刷株式会社
Printed in Japan／ISBN978-4-485-12035-4

[本書の正誤に関するお問い合せ方法は，次ページをご覧ください]

書籍の正誤について

万一，内容に誤りと思われる箇所がございましたら，以下の方法でご確認いただきますよう
お願いいたします．

なお，正誤のお問合せ以外の書籍の内容に関する解説や受験指導などは**行っておりません**．
このようなお問合せにつきましては，お答えいたしかねますので，予めご了承ください．

正誤表の確認方法

最新の正誤表は，弊社Webページに掲載しております．
「キーワード検索」などを用いて，書籍詳細ページをご
覧ください．
正誤表があるものに関しましては，書影の下の方に正誤
表をダウンロードできるリンクが表示されます．表示さ
れないものに関しましては，正誤表がございません．

弊社Webページアドレス
http://www.denkishoin.co.jp/

正誤のお問合せ方法

正誤表がない場合，あるいは当該箇所が掲載されていない場合は，書名，版刷，発行年月
日，お客様のお名前，ご連絡先を明記の上，具体的な記載場所とお問合せの内容を添えて，
下記のいずれかの方法でお問合せください．
回答まで，時間がかかる場合もございますので，予めご了承ください．

郵便で問い合わせる	郵送先	〒101-0051 東京都千代田区神田神保町1-3 ミヤタビル2F ㈱電気書院　出版部　正誤問合せ係
FAXで問い合わせる	ファクス番号	**03-5259-9162**
ネットで問い合わせる		弊社Webページ右上の「**お問い合わせ**」から **http://www.denkishoin.co.jp/**

お電話でのお問合せは，承れません

（2015年10月現在）

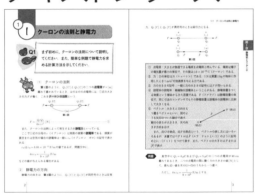